智元微库
OPEN MIND

成长也是一种美好

你在逃避什么

你害怕面对的真相，必将使你成长

［美］乔恩·弗雷德里克森（Jon Frederickson） 著

李汐 译

THE LIES
WE TELL
OURSELVES

How to
Face the Truth,
Accept Yourself,
and Create
a Better Life

人民邮电出版社

北京

图书在版编目（CIP）数据

你在逃避什么：你害怕面对的真相，必将使你成长 / （美）乔恩·弗雷德里克森（Jon Frederickson）著；李汐译. -- 北京：人民邮电出版社，2022.8
ISBN 978-7-115-58784-8

Ⅰ. ①你… Ⅱ. ①乔… ②李… Ⅲ. ①心理学－通俗读物 Ⅳ. ①B84-49

中国版本图书馆CIP数据核字(2022)第045456号

版 权 声 明

◆ 著　　　　[美] 乔恩·弗雷德里克森（Jon Frederickson）
　 译　　　　李　汐
　 责任编辑　张渝涓
　 责任印制　周昇亮
◆ 人民邮电出版社出版发行　　北京市丰台区成寿寺路 11 号
　 邮编 100164　　电子邮件 315@ptpress.com.cn
　 网址 https://www.ptpress.com.cn
　 天津千鹤文化传播有限公司印刷
◆ 开本：880×1230　1/32
　 印张：7.5　　　　　　　　　　2022 年 8 月第 1 版
　 字数：150 千字　　　　　　　 2022 年 8 月天津第 1 次印刷
　 著作权合同登记号　图字：01-2021-6910 号

定　价：59.80 元
读者服务热线：（010）81055522　印装质量热线：（010）81055316
反盗版热线：（010）81055315
广告经营许可证：京东市监广登字 20170147 号

本书赞誉

世界一流的心理治疗师乔恩·弗雷德里克森（Jon Frederickson）一针见血地阐述了有效心理治疗的要素。他的写作风格清晰直白，举例翔实生动，向读者展示了如何通过直面真相，打破自己和他人之间产生爱之联结的壁垒和障碍。《你在逃避什么》注定成为造福敏感者及其治疗师的经典之作。

——托马斯·布罗德（Thomas Brod）
医学博士，美国精神病学协会杰出研究员
加州大学洛杉矶分校大卫·格芬医学院精神病学临床副教授

在《你在逃避什么》一书中，心理治疗师乔恩·弗雷德里克森给我们安排了前排的座位，让我们亲眼见证，当人们鼓起勇气，放下防御，拥抱真我，真实地生活之后，会产生多么巨大的变化。读者必定能从中得到启发。

——罗纳多·J. 费德列克（Ronald J. Frederick）博士

临床心理学家

《以真实的方式生活》（*Living Like You Mean It*）作者

《你在逃避什么》一书打破了我们的幻觉，我们开始和自己以及他人建立真实的关系，这就是爱的本质。虽然这个世界充满了扭曲和回避，但作者创造了一个令人惊叹的空间，在这里我们可以无所畏惧地吐露真情实感。他的笔触兼具心理学的冷静和心灵疗愈的细腻，他的才华横溢、见多识广、奋勇斗争和坚韧不拔的智慧必能使读者大受裨益。

——苏珊·沃肖（Susan Warshow），

DEFT 研究所社会工作硕士

乔恩·弗雷德里克森在其最新著作《你在逃避什么》中，向我们展示了如何通过面对现实充分融入世界，而不是在幻想中自欺欺人。他的作品扎根于众人苦苦挣扎的现实，告诉我们如何与人类与生俱来的，潜意识中的死亡焦虑、孤独以及对于被遗弃、被孤立的恐惧等问题作斗争，而不是逃避。

——杰弗里·J. 马格纳维塔（Jeffrey J. Magnavita），**博士**

美国专业心理学委员会（ABPP）委员

美国心理学会心理治疗部前主席

阅读乔恩·弗雷德里克森的著作，感受书中爱的智慧，对于考虑接受心理治疗或打算进入更深度治疗的人群是一种很好的准备。心理咨询从业者也能从中受益。

本书为我们展示乔恩一手打造的疗愈空间，让我们可以充分详细地了解他如何以令人惊叹的手法为来访者带来深刻的变化。在这个空间里，他陪伴来访者走出痛失亲人、婚姻危机、自我抗拒等生活困境，直到来访者获得真正的疗愈。

我诚意将本书推荐给所有想了解心理治疗意义的人、希望自己所接受的心理咨询更具价值的来访者，以及希望更好地为来访者提供治疗服务的从业者。

彼得·芬纳（Peter Fenner），**博士**

对逃避的不逃避

如果我们把人类的各种心理问题提炼一些共同因素，就会发现所有心理问题都包含着两个部分：一个是回避；一个是僵化。

回避就是你总是有意无意地避开要去面对的东西，无法越过这些影响你生命发展的障碍，作茧自缚。

僵化是你面对不确定的生活只能使用一种方法应对，却想得到不同的结果。

如果仔细想想，僵化也是一种回避。

有一位妈妈辅导孩子作业时情绪爆发，扇了孩子一巴掌——这是她第一次体罚孩子。妈妈一夜无眠，内心充满了愧疚和懊悔，天亮之后来到我的咨询室陈述了整个过程。我做了一些接住她感受的工作，尽可能扩大这个咨询对话的空间。

我问她：你辅导孩子写作业这个行为，在表达什么情感呢？

她想了想，说：想表达我关心他的学习。

我说：就是在表达你关心他，爱他是吗？

妈妈说：是。

我问：你要表达你关心孩子，你爱他，怎么到后来变成了你殴打他了呢？

妈妈哽住了。

过了一会儿，我问她：如果我们回到昨夜的情境，如果在那一刻你不动手打他，你会体验到什么？

这就是妈妈们回避的东西。

有一位青少年在父母陪伴下来咨询室向我讲述他的梦，梦里有一群女鬼，并不可怕却十分妖娆，争相要把他扑倒，他字斟句酌地仔细向我描述勾勒每一只女鬼的模样身材，越来越兴奋。交谈了一会之后，我们有了下面的对话。

我问他：如果梦里的这些女鬼都不是鬼，而是活生生的人，你会体验到什么？

他使劲摇着头说：绝对不可能，就是女鬼，不是女人。

我说：那万一呢？

他眼神开始躲闪我的目光，并说：没有万一！没有万一！

我问：真话假话？

他马上答：假话。

这就是青少年回避的东西。

亲爱的读者们，你们能否帮我感受一下，妈妈和青少年在回避什么呢？

李仑

亚洲存在主义团体学会创立者

《忘忧十二夜》作者

推荐序

逃避让问题永远无法终结，面对真相治愈才会发生

常常有人问我，心理治疗有用吗？它是在什么时刻、什么情境下开始奏效的？

我觉得，最核心的改变或疗愈的契机，往往来自于，无论是来访者还是心理治疗师开始直面真相的时刻，这也是心灵真正相遇的时刻。

乔恩·弗雷德里克森（Jon Frederickson）在本书中帮助我们看到，产生心理问题的根本原因是我们总是在逃避真相，不敢面对真实的自己，让自己生活在谎言与幻想中。

我们为了保护自己不受伤害，总是会启动各种防御机制，比如投射、否认、回避、情感隔离、压抑，以此阻碍自己面对真相，不去聆听内心真实的声音，而这些防御本身就像重重枷锁，让自己的人生被限定，失去生命活力与创造力。

曾经有位妻子因为丈夫出轨来寻求心理帮助。丈夫的背

叛让她感到屈辱与愤怒。在咨询中，她一直抱怨丈夫是多么无情，自己是多么不容易，自己为了家庭放弃了工作，以为这样的牺牲可以换来家庭的美满与幸福。丈夫的出轨打碎了她的幻想，她觉得自己的人生完全被这个男人给毁了。

我问她是否想离开这段令她痛苦的关系？她立即说，这怎么可能？我的孩子还小，我不能让孩子失去爸爸。我进一步跟她讨论，如果这个婚姻要继续维持，她能做些什么让自己好受一些，或者让关系改善一些？这位妻子情绪激动地说："这件事情从头至尾都是他的错，我是这段婚姻的受害者，凭什么要让我去努力维持它？他必须要受到惩罚，并且向我做出承诺，以实际行动来做出改变，否则我绝不原谅他。"

我们看到，在这个案例中，这位妻子在是否离婚这件事情上，用孩子作挡箭牌，来掩饰她内心的恐惧：她害怕孤独，害怕没有能力养活自己和孩子，害怕失去依靠。而在丈夫出轨这件事情上，她也不想直面一个核心的问题：丈夫出轨实际上是她们的夫妻关系出现了问题，而这个问题一定与双方都有关系，她并不准备为此而承担起自己的那份责任。

她来求助的目的是通过咨询让丈夫去做改变，而这其实是南辕北辙了。当我在共情她的委屈、愤怒的情感之后，帮助她去直面她内在的恐惧，并且让她看到，即便离开丈夫，她仍然可以过上自己想要的生活时，她变得更有力量了。她开始尝试把改变他人的动力转向去改变自己，并且反思自己可以做些什么去引导这段关系朝良性方向发展。

去直面真相，将那个虚假的自我打碎，新的自我才得以重塑。她发现自己从困顿中走了出来，看见了希望，窥见了更大的世界，让自己有机会去创造生命中的无限可能。她的改变，也带来了关系模式的改变，结果丈夫在她的潜移默化下也神奇地发生了改变。

真正的改变是在直面真相之后。而乔恩·弗雷德里克森在本书中通过很多临床案例与治疗性对话，用他极大的耐心与勇气，抽丝剥茧般地带领我们去探究生命的真相。

有时我们感到不对劲，这是一个信号：我们可能在有意识或无意识地逃避什么。比如我们特别讨厌某一类人，我们或许是讨厌自己身上那些被拒绝的东西，我们会使用投射的方式，将自己不喜欢的东西强加到别人身上。我们会在关系中扮演一个"受害者"角色，也就是自己的悲惨人生都是别人造成的，这样我们就无须为自己的人生担负责任了。

我们宁愿生活在谎言与梦幻泡影中，也不愿去体验真实的生活，这反而会让我们感到空虚、无价值、无意义，这本身就是痛苦的根源。当我们能回到当下，回到此时此地，我们才会感到有种扎根大地、安全与踏实的感觉。

正如乔恩·弗雷德里克森所说，疗愈的过程，其实是心理咨询师和来访者一起学习如何相互配合，共同面对生命、丧失、痛苦等真相。不去面对真相，接纳真实、脆弱、不完美的自己，疗愈就不可能真正的发生。

如何让自己可以直面那些令人不堪的真相呢？乔恩·弗雷德里克森提出了他具有开创性的观点：保持开放与好奇的态度，倾听内在真实的声音，容许自己带着问题生活。

假如，你正经历危机，你正经历人生中的至暗时刻，你正经历着痛苦，也许是时候带着勇气去直面自己生命的真相，让成长与蜕变发生。如此，才不枉此生。

任丽

心理咨询师

《我们内在的防御》作者

前言

生活固然非常艰难，而心理上的痛苦更是难以忍受。为了化解痛苦，我们通常会向心理咨询师求助。一位优秀的心理咨询师通常具备某种从生活的痛苦中产生的智慧，这种智慧无法通过其他方式获取。一旦我们有幸遇到这样的咨询师，应该如何与之合作化解痛苦呢？

要回答这个问题，我们必须先了解自己为什么会感到痛苦，以及怎么做才能疗愈自己。我们之所以痛苦，有时是因为吞下了太多谎言，而这些谎言正是我们自己为了避免痛苦而编织的。有些人宁愿对自己撒谎，认为事情变糟都是自己的错，也不愿接受别人亏待了自己的现实。比如，很多人会对自己谎称"再努把力婚姻就能变好"，而不愿意面对婚姻失败的真相。其实，如果我们能和咨询师共同面对自己内心世界和外在的真相，反而会变得更好。

我们有时会对自己说谎以逃避痛苦，问题在于，我们对此知之甚少。这就是我们需要向心理咨询师寻求帮助的原因，咨询师可以帮助我们发现自己在逃避什么。

本书不仅可以帮助您了解导致自己痛苦的谎言，还可以引导您直接面对真相、重获自由，帮助您了解自己需要改变时，心理咨询能发挥什么作用。

心理咨询不仅是和咨询师聊聊天，或像做一场填字游戏一样在检查单上勾勾画画。

心理咨询是来访者通过和咨询师共同面对自己生活中最深刻的真相，从而得到疗愈的互动过程。在此过程中，来访者将会和咨询师一起探索给自己带来痛苦的谎言，触及能让自己康复的真相。

在这个咨询式医疗盛行的年代，我们有可能忽视心理治疗的核心——我们是谁？我们为什么痛苦？我们在寻求什么？本书将尝试回答上述问题。书中没有罗列太多抽象的概念，而是通过一个个故事，展示了如何通过直面自己所逃避的真相实现真正的改变。

这些故事用于展示那些我们都需要直面的真相以及人们

逃避真相的普遍方式。为了保护当事人的隐私，这些故事主人公的身份信息已被抹去或更改。从某种意义上说，他人的故事也就是我们自己的故事，因为我们自己也有自己不肯面对的真相。

这些故事的主人公都承受过可怕的痛苦，读者们可能会觉得他们的叙述颠三倒四，难以理解。我们需要做的是和他们共情，通过他们的痛苦了解自己的痛苦。

透过这些故事，我们可以发现，那些显而易见的事并非导致我们痛苦的真正原因。

我们之所以痛苦，可能是因为逃避真相。而当我们拥抱真实自我、所爱之人和生活本身时，我们就会痊愈。本书将展示如何接纳真相。

目录

第四章

打破幻象，直面真相

导言

一位女士在我的办公室坐下，叹了口气说："我不知道该怎么面对婚姻。我老公出轨了，我们俩一直接受婚姻咨询，但没什么效果。他说他感到内疚，但每次他答应和外面的女人断掉联系，回归家庭，却总是转头又和另外一个女人纠缠不清。我觉得自己应该离开他，但维持关系比离婚更容易。"

"他承诺忠诚，但后来又和其他女人发生了关系？"我问。

"是的。"

"我可以这么理解吗？你选择为那个承诺忠诚的丈夫留下，试图忘记那个不忠的男人。"

"可是我忘不了！"

"但是我们不能无视真相。听起来你是嫁给了他的承诺呢。"

"你这么说太伤人了！"

"我不是故意这么刻薄。是不是你丈夫的出轨伤害了你对忠诚的期待？"

"是的。"

"假设让你相信他的话而不是相信他的行为，这对你来说会很难吗？"

"我明白你的意思了。"

"假如你没有意识到你正在伤害自己，而我看到了这一点，你允许我指出来，让你早点儿摆脱痛苦吗？"

"这么说也有道理。但是我们已经不再睡在一起了。"

"虽然你不再和他睡在一起，但是既然你还留在他身边，"我停顿了一下，"你就可能还活在他的谎言里，对吗？"

她的眼中含着泪水："我怎样才能离开他？"

"你不需要离开他。那个对婚姻忠诚的丈夫已经离开了你。你愿意让我帮助你放下，不再等他回头吗？"

这位女士希望用自己的忠诚换来丈夫的忠诚，但是事与愿违。那么她为什么要欺骗自己？为什么会对自己说谎呢？

因为接受幻想似乎比接受真相来得容易。我不必在这里分析她选择相信丈夫谎言的原因，随着故事的展开，其中的意义自然会浮现。

无论我们对某个人有多么了解，那个人对我们而言永远是个谜。

但当我们希望获得由内而外的改变时，我们反而倾向于让他人附和我们、安慰我们或建议我们改变他人，所以我们越来越倾向于请心理咨询师来帮助我们摆脱痛苦，探寻生命的意义。心理咨询师为了疗愈我们，可能会纠正我们的逻辑，耐心倾听我们的想法或见解。以上种种，都是构成心理疗愈的要素，但是单独来看，这些都不是疗愈本身，心理疗愈不应仅仅是一种方法、技术或行为。

为了逃避现实，我们往往会对自己说谎，对别人说谎，但为了疗愈，我们必须努力找到自己一直逃避的真相。我们不需要建议，而是需要深入谎言之下，找到我们一直在逃避的真相。

我们或许认为自己需要修复，但是通常试图修复的只是自己那些支离破碎的幻想、自我形象和造成痛苦的扭曲想法。我们不需要修复自己。我们唯有放下虚幻，才能体验真实；唯有找回自己在谎言中流失的活力，才能重新接受自我。

聪明的心理咨询师不会只是简单地谈论我们的想法。他们不会正面和我们争执，更不会只是沉默地坐着听我们喋喋不休、信口闲聊或说出自己想到的任何事情。如果聊聊天就能疗愈，那么只靠沙龙这种形式就能治愈全人类了。来自头脑的想法并不能治愈我们内心的痛苦，聪明的咨询师不会仅仅依赖于来访者的讲述。

心理咨询师会带领我们体验掩盖在言语、借口和辩解下的真实自我，帮助我们拥抱自己的内心世界（冲动、思想和感受）和掩盖在谎言之下的外在世界。面对我们一直逃避的东西时所经历的那种内在挑战，其实就是疗愈本身。

如果像柏拉图说的那样，知识是灵魂的食粮，那么当我们因直面自己逃避的真相而获得知识时，我们就会得到疗愈。本书将展示如何通过直面自己逃避的真相疗愈自己，书中的真实故事来自我的来访者，他们和大多数人一样，在各种问题中苦苦挣扎，用大多数人都会使用的借口来减轻痛苦。但当他们和心理咨询师一起面对以前那些难以面对和望而生畏的东西时，似乎变得可以忍受了。

我们将通过这些故事，探索心理咨询师和来访者相遇之后，来访者如何通过与心理咨询师的倾情交流而得到疗愈。来访者也许会寻求建议，也许会不断重复倾诉往事，也许渴望触碰到被埋葬在痛苦之下的自己，但他们究竟在寻求什么样的觉知？他们为什么要通过心理咨询寻求真相呢？

第一章

ONE

有点儿不对劲儿

你在逃避什么

我们都曾经历人生的痛苦，或在痛苦中沉沦。当真相太令人痛苦时，我们可能会用谎言逃避真相，用那些我们闻所未闻，甚至从没想过的谎言来欺骗自己。可悲的是，随着时间的推移，正是当初把我们从痛苦中拉出来的谎言，成了我们最大的敌人，给我们制造了更多的痛苦。

　　我们认为那些谎言中的错误都是因为自己"不对劲儿"，并为此寻求帮助。当谎言不攻自破，不再能掩盖我们的情感时，我们却怀疑破碎的是自己，然后以更多的谎言逃避这些情感，进而造成更多的痛苦。

如果我们的"不对劲儿"恰恰是正确的呢？停止逃避吧！它不仅能揭示我们痛苦的根源，也能赋予我们直面真相的勇气。

人们之所以自我欺骗，其根源在于难以承受巨大的痛苦。触摸谎言掩盖下的感受和真相，才能发现真实的自我和生活的本质。

心理治疗：旅程或终点

我们的心理问题，往往源于我们对问题的逃避。它们可能源于梦想破灭，或者痛失所爱，甚至我们对自己是否值得被爱失去了信心。西格蒙德·弗洛伊德（Sigmund Freud）曾称心理治疗是"以爱来治愈"[1]，人们对这一说法见仁见智，众说纷纭。而在最近的一次学术会议上，一位发言人则将心理治疗称为一种"寻求改变"的技术。心理治疗已经成为一种技术了吗？那么，人与人之间的关系又何去何从？我们只不过是可以被随意操控的物件吗？

生活在一个痛苦被简化为大脑中的化学物质、错误想法或不良基因的时代，我们的心灵在发出呐喊，我们不是药罐子，而是渴望与自己的内心、他人和生活本身联结的活生生的人。我们寻求心理疗愈，不是想得到逃避现实的药丸，而是想获得帮我们面对现实的力量。

疗愈的过程，其实是心理咨询师和来访者一起学习如何相互配合，共同面对生命、丧失、痛苦等真相。没有人是全知全能的，心理咨询师与来访者一样，都要不断地学习如何应对生命的难题。

例如，当我申请接受心理咨询师培训时，面试官问我是否接受过心理咨询，我回答"接受过"。

"你为什么要接受心理咨询？"

"我感觉一团糟。"

我不需要技术，却需要有一个人在我面对生活中的痛苦时帮助我。我从小就忍受了太多无法独自承受的痛苦。成年后，我通过逃避痛苦来麻痹自己，对痛苦的根源视而不见。我需要一个向导拉着我的手，和我一起走进未知的黑暗森林，在我孑然独坐的时候陪伴我。这样，我就能放下那些给我带来痛苦的心理防御，感受到自己内心的智慧（那种我一直向外寻求的智慧）。

于是，我开始踏上了自己心理疗愈之旅。可是，如果心理疗愈是一次旅程，那我们将去往何处？我们无处可去。事实上，我们停止了前进。从这一刻起，我们就停止了奔跑的步伐。我们终其一生都在逃离自我，希望能抵达一个名为疗愈、康复、启蒙的模糊目的地。然而，我们其实并不需要寻求任何东西，因为我们的感受、我们的焦虑、我们对自己说的谎言，甚至我们逃避的真相，一切都在这里。

一位女士，她 40 岁的儿子患有自闭症，她常常为儿子担心。有一次，她儿子生病了，不得不从"自闭症患者之家"回家和她住几个星期，她说："当时我气极了！他过马路的时候差点儿被公交车撞了！我冲他大喊，'我需要你做个正常人！我需要你做个健康的人！'"

"你需要你的自闭症儿子做个正常人。"

"是的。"

"你需要他不做他自己。"

"他必须改变。"

"患自闭症 40 年的儿子必须改变，你觉得可能吗？"

"不，我觉得不可能。"

"我们希望自己的愤怒可以让他摆脱自闭症，但是事与愿违，对吗？"

"对，是的。"

"他患自闭症已经 40 年了。40 年来，你一直在等待正常的儿子出现，而不是眼前这个患有自闭症的儿子。我明白，换了谁都会这么想。不如让我们来为你从来没有拥有过，也永远不会拥有的正常儿子举行一个告别式？"

她低头抽泣起来。

我提醒这位母亲，她一直在否认的事实并不是导致她痛苦的真正原因，反而正是能够让她从折磨了自己 40 年的幻觉中解脱出来的方法。我和她一起面对生活的真相，向她展示了面对现实的可能性。只有当她放下幻想中的正常儿子时，她才能从内心接纳她真正的儿子。

她能学会看清事物的本来面目吗？她能接受儿子患自闭症的现实吗？请注意，真相既不能被给予，也不能被接受。心理咨询师只能指出存在于来访者心里的真相，而洞察并非来自心理咨询师之口，它只能来自来访者的内心。

一旦这位母亲认识到自己的意愿不过是自己的幻想，她就能看到自己必须承受的事实，也就是她的自闭症儿子不会有任何改变。幻想一旦消散，如何和真正的儿子共处也就迎刃而解了。重要的是，她越是面对真相，就越不会因为谎言而受苦。

她制造幻想的能力并没有消失，只是她从自己创造的梦境中醒来了而已。我无法帮她摆脱心里的愿望，只能帮她看到自己抗拒的患有自闭症的儿子才是真实存在的，正常的儿子只是她的幻想。当她放下了想要一个正常儿子的愿望（当然，这个愿望会再次出现，但当它出现时，她可以觉察它而不再执着于这个念头），她就能重新去爱她真正的儿子了。

当我们和现实产生联系的时候，我们就变得健康起来；而当我们沉溺于幻想时，我们就会感到痛苦。心理咨询师会阻止我们逃离自我，让我们接纳现实，停留在此刻体验自己真正的感受。我们内心的感受总是通过焦虑向我们发出呼唤。奇怪的是，反而是焦虑让我们踏入那些我们经常逃离而不敢深入探索的区域。

实际上，你想逃离的，恰恰是你需要接纳的；你害怕的，恰恰是你该面对的；你忽略的，恰恰是你该听见的。

但我们一直都学着闭目塞听，我们的人生就是不断逃离，从来没有意识到，我们逃离的正是自己真实的感受和触发这种感受的真正原因。

我们很难体验到真实自我和试图表现出来的自我之间的差异，我们需要一个伙伴把我们拉住，让我们坐下来承受和感受当下。独处时难以忍受的事情，在和他人一起分担时往往就变得可以忍受了。

这种承受和分担不是某种技术，而是对我们的内心世界和外在生活的接纳。如果这种分担和倾听不是爱，还能是什么？一旦这位母亲接受了自己的儿子患有自闭症这个现实，她就能爱她的儿子，而不是强求他做个正常人，因为这是永远不可能发生的事情。我们必须一起面对以前无法忍受的事情（无论是现实还是自己对于它的感受），我们的内心才能被疗愈。

疗　　愈

每个需要疗愈的人都有心碎、失落和痛苦的经历，以至于无法独自走完自己的旅程。为了继续走下去，我们需要找一个人陪我们走一程。

在心理咨询工作中我们发现，在关系中产生的伤痕，必须在关系中才能得到疗愈。在心理咨询中，咨询师会通过和我们交谈，帮助我们找到掩盖在文字、想法和幻觉之下的真实自我。当咨询师询问我们的感受而非想法时，他正在邀请我们进入一种不同的关系，进入另外一个世界。他为我们打开了一扇门，我们所有的感受都能汹涌而入。心理咨询师揭开了我们内心深处最恐惧的东西，并在我们承受这些恐惧的时候给予我们支持。

咨询师会通过询问了解我们的内心世界，揭示那些我们试图摒弃的感受、冲动和欲望，指出我们惯用于欺骗自己和他人的手段，鼓励我们放下伪装。"你就是你自己最重要的人，"心理咨询师说，"为什么不和自己好好相处呢？"

为了与自己好好相处，我们需要学会倾听各种话语、借口和解释之下的真实自我。下面这个故事中，一位女士在开始咨询时细细描述了自己去找美发师和皮肤科医生的经历，但拒绝直接告诉我她需要解决什么问题。

我问："咱们先把你的皮肤科医生放在一边，你希望我帮你解决什么问题？"

"我以前的心理咨询师说我小时候受到了创伤。"

"你自己呢？你想解决什么问题？"

"问题太多，不知从何说起。"

"可否具体一点儿，你想让我怎么帮助你？"

"不如我和你说说我的童年，这或许会有帮助。"

"在我们回顾你的童年之前，先说说你的问题是什么。"

她叹了口气，坦白道："我现在还没有准备好谈论这个话题。"

"你想得到我的帮助，却不愿意把你的问题告诉我。假如我们没办法找到问题所在，会发生什么？"

"我没法得到帮助。"

"你既想得到帮助，又拒绝让我帮你，我要怎么做呢？"

她的嘴唇颤抖着，眼中充满了泪水。

面对来访者故作镇定的外表，心理咨询师知道，来访者表现出来的这一面仿佛一堵墙，墙后藏着她害怕的真实自我。当心理咨询师指出了来访者的伪装后，来访者自己随即也看到了，于是便放下了伪装。

心理咨询师接纳我们的想法、感受和焦虑，让我们体验到自己渴望和恐惧的东西——有人爱我们本来的样子。

然而事实上，我们从不畏惧被爱。我们害怕的是，被爱时的温暖和满足会反衬出缺爱时的冰冷与凄凉，这种时候痛苦与悲恸之感就会浮现。

自我拒绝和恐惧会在情感的相互接纳中瓦解。假如心理咨询师接纳来访者本来的样子，而来访者本人无法接纳，他隐秘的自我拒绝就会一直存在。只有当来访者开始接纳自我，疗愈才有可能发生。自我接纳要从接纳自己或困惑的问题开始。上文中这位女士不愿意说出她自己的问题，表明她害怕自己过于依赖我，她拒绝了自己对于被接纳的渴望。她的抑郁也正是她对生活的一种拒绝，拒绝她既渴望又畏惧的另外一种生活。我接纳了她因为担心被拒绝而做出的抵抗，在我们的相互接纳中，她的悲伤随着"自己不配被爱"的谎言的破裂而消逝。

我们是不是有问题

假装喜欢自己不喜欢的工作是否也算另外一种形式的出卖自我？有位男士，他在家族企业工作，每天都打扮得干净利落，下班之后却郁郁寡欢。"我觉得不对劲儿，"他说，"我没理由沮丧呀！"其实，他感到沮丧是正常的。因为他的沮丧源于他的内心世界。他本人是一位技艺精湛的画家，一直希望离开企业当一名艺术家。他活在自己的谎言里，一旦他摆脱这种谎言，生活在现实中，他的沮丧自然就会烟消云散。

一位经营着家族企业的女士，她的丈夫被视为公司的实际领导者。她设定经营目标的时候，丈夫总是和她唱反调。我们探讨她丈夫的行为是否伤害了她的感情时，她再三说，"我没有生气"。她否认自己因为丈夫的行为感到愤怒，却转而把气出在其他员工身上。

她问："我为什么焦虑？这没有道理。我的生活很幸福，孩子们都长大了。"我们在面对现实，把散乱的因果联系起来之前，总是觉得自己的焦虑没有来由。

最后，她明白了她的焦虑源自她对丈夫的愤怒，她打算对自己、对丈夫和对我更加诚实。很快，她就放下了伪装，给丈夫划出界线，公开宣示自己对公司的领导权，不再掩饰自己隐藏了30年的能力。

或许正是这种觉得自己有问题的想法，催生了我们想要改变自己、活出真实自我的动力。

我很好，但你有问题

有时我们会说"我有问题。"但更多的时候，我们会断言"你有问题！"我们对现状总有诸多不满，"我太太不该迟到""我老公应该知道我想要什么"，我们常常把期望加诸别人身上，认为别人"应该"如何如何，如果事情没有按照我们的期待发展，我们就觉得那是错误的。或许其他人本就没有错，相反，他们正是把我们从幻想的"子宫"中拉出来的助产士。

一位男士的妻子有了外遇。他愤怒地咆哮道："她背叛了我！她不忠！我不敢相信她真这样做了！这太可怕了。"

这确实很可怕。但这也是现实给他的当头一棒，妻子的行为让他从"婚姻还过得去"的幻觉中醒来了。虽然妻子的出轨让他震惊，但是他选择了更加沉迷于工作中，把事业当作唯一的寄托。当他的婚姻如梦幻泡影一般消散时，他开始发觉自己对妻子的忽视如何一点儿一点儿地扼杀了她的爱意。

"我告诉她可以买她想要的任何东西，"他厉声说，"我甚至把一百万存入一个慈善账户，我们一起经营。她还想要什么？我很忙，每周有四天在曼哈顿工作，没有时间回家吃晚饭，为了让她有点儿事做，我在华盛顿的 P 街买了一栋大宅子。"

这个男人不爱他的妻子，只想让她成为自己喜欢的样子。得知妻子出轨的第一天，他不断地大发雷霆："我告诉她必须马上和那个男人分手，否则我们就结束了。"

他之所以感到震惊，是因为无论他怎么否认，还是被现实狠狠扇了一耳光。他幻想中的妻子消失了，他看到了现实中的妻子。她怎么能反抗他的控制呢？她应该服从——这对于他而言是理所当然的。他想不明白她为什么要离开他，他没有意识到，住在他的"城堡"里，她觉得自己像囚犯，而不是公主。当我们看到自己不愿意相信的事实时，我们既可以让真相走进来，也可以用谎言把它拒之门外。这位男士冷笑着说："她只是个自私的坏女人，她从来没有爱过我，她只关心她自己，我一直试图告诉她出了什么问题，但她不听。"

对于这位男士而言，他自己的执念就是，他认为妻子不爱自己。事实上，他的妻子渴望他的爱，但是他却爱自己的执念远胜于爱妻子。

这些执念就是投射，这种投射看起来很真实，因为它们是真实存在的。投射是我们拒绝在自己身上实现，却希望在别人身上实现的现实。如果我们批判自己，就会觉得别人在批评我们；如果我们忽视自己，就会觉得别人忽视了我们；如果我们不关心自己，就会觉得别人不关心我们。但从另一个角度来说，我们投射的对象就像一面镜子，透过这面镜子，我们可以观察、学习和接受那些被我们拒绝的现实。

当投射发生的时候，我们仿佛坐在婴儿床里往外看，透过婴儿床的围栏，有些人似乎"错了"。我们评判他们，谴责他们，声称我们根本无法理解他们。为什么？因为他们没有按照我们的设想行事，在我们的设想中，他们应该像我们一样，求我们所需，做我们所做，想我们所想。在我们的设想中，完美的人应该完美地克隆我们自己。

出轨的妻子自私还是这位丈夫自私？他从来没有爱过她，他爱的是自己臆想中的妻子，那个他希望她成为的女人。他试图通过自己的控制让她成为他想要的那种人，成为那种他认为正确的版本。

"你错了"的真正含义是，"我害怕你在我身上唤起的真相"。正如一位同事所说，"真相会治愈你，但在这之前你必须经历地狱般的痛苦。"难怪我们指责别人，因为我们在别人身上看到了自己的错。

因为无法面对真相，这位丈夫一直把他的自私、缺爱和背叛归咎于妻子。当他撤回这些"指控"的时候，他就要面对自我认知的痛苦。

如果"错误"的人恰好是我们失散的一部分自我，等待着与我们其他的部分团聚，有无可能妻子的婚外情是对丈夫工作狂热的呼应？后来，当妻子为自己的出轨道歉后，他继续批判和谴责她，对她伸出的双手视而不见，这是否证实了这位丈夫只爱自己的评判而非爱自己妻子。如果真的是这样，妻子是否应该到别处寻找爱情？

甚至在妻子道歉的时候，丈夫还在批判她的脆弱。他自己身上的脆弱早已经被舍弃，但因为她的出轨，他所厌恶的脆弱又回到了他的身上。想象一下，如果我们说："噢，你们这些'错误'的人，谢谢你们让我在你们身上遇见了我自己。我讨厌你们，因为我讨厌你们身上被我自己拒绝的东西"，结果会怎样？但事实上，我们经常将自己的过错推给别人。

当我们承认自己将错误归因于他人的时候，我们要承受自我认知的痛苦。但是，当我们凝视着那一面镜子（所谓错误的人），并接纳他们时，接纳的那一刻的感觉犹如回家。这些"错误"的人在我们的内心激起的感觉，正是我们想象中他们内心的感受。我们可以选择继续将他人视为"错误"，拒绝面对我们真实的自我，也可以让那一部分自我回归自我。

我崩溃了

回归现实，这听起来不错，但是当现实意味着失业、患病、离婚或丧失亲人的时候，回归现实就没有那么美好了。面对种种困难，我们通常会感觉自己破碎了、被碾压了、幻灭了。破碎的是什么？被碾压的是什么？幻灭的是什么？破碎的是我们的幻想，被碾压的是我们的希望，幻灭的是我们的梦想。透过窗户往外看，世界依然如故，而打开心扉向内看，看到的是自己破碎的幻想。

而幻想的破灭又会让现实分崩离析。我们认为自己崩溃了，被生活碾压了，但我们仍然在这里。那么是我们崩溃了，还是我们的自我形象崩溃了？是我们的生活破碎了，还是我们的梦想破灭了？眼睁睁地看着我们的幻想之城轰然倒塌是多么痛苦的事情！

有一位男士一直否认自己的妻子患有严重精神疾病的事实。他希望妻子是能接受别人帮助的正常人，而不是拒绝接受治疗多达几十次的精神病患者。他的幻想破灭了。在幻想的碎片撒到地上之前，他还想把它拼接复原："你觉得她接受躯体疗法会有效果吗？"即使经验告诉他没有效果，他也会不由自主地否认。他认为自己忠于妻子，其实他只是忠于自己的愿望。他泪流满面，表明他已暗暗和现实重逢。

作家杰夫·福斯特（Jeff Foster）说："崩溃总是指向更深层次的真理冲突。因为只有你内心错误的东西才会崩溃，真理是颠扑不灭的。有人称这种认知为'觉醒'，有人称其为'自我实现'。"[2]

一位女士出现了幻觉，总是觉得自己的卧室在移动。为了让它停下来，她用头撞墙，哭泣，双手因为抓挠墙壁而鲜血淋漓。她的丈夫已经离开了她，她无力阻止自己之外的世事运转，于是把对丈夫的怒火发泄到自己的头和手上。

"我觉得很崩溃，"她说，"但是又不能走极端，因为我有个女儿，我得为她好好活着。如果没有女儿，我早就走极端了，因为我已经支离破碎了。"当她的幻觉被打破时，在她的想象中，自己也破碎了。她看到墙壁在移动，其实是生活发生了改变，因为生活总是在改变。当她"生活一成不变"的幻想（否认）在现实中瓦解时，她对现实的否认便开始瓦解了。

当现实扼杀了我们的愿望时，有些人可能会通过极端的方式来消除这种幻灭的痛苦。埃德温·施奈德曼（Edwin Shneidman）将这种痛苦称为"心理痛楚"。逐渐破灭的梦想有时让人痛不欲生，有人甚至会选择极端的方式来逃避心理痛楚。

这位女士觉得自己快要崩溃了，其实我们永远不会崩溃，尽管在我们的想象中自己像是在崩溃。当幻想破灭时，无论我们如何否认和祈求，都无法使它恢复如初；当我们的否认也被打碎的时候，悲伤和愤怒开始汹涌流动。经过这种情感宣泄，情绪的火焰并不能灼伤我们，却能烧毁我们的幻想。而只有当这些幻想破灭之后，我们才能看到真相。

因为害怕失去幻想，我们开始编造故事，告诉朋友我们受到了不公正待遇。这些故事听起来就和真的一样，因为它们的内在逻辑是自洽的。但实际上，这些故事是不真实的。它们对现实进行了删减和歪曲，通过隐去足够多的信息，我们可以把一个人妖魔化，把一个人塑造成自己想象的形象，把编造的故事当作事实。

没有什么比离婚更能引发这种妖魔化冲动的了。一位遭受丈夫欺凌并接受了几年婚姻关系咨询的女士最后还是选择了结束婚姻，这让她的丈夫感到非常愤怒。这个女人虽然不完美，但是很有耐心和爱心，是位忠诚的妻子。她离开之后，她在前夫的想象中变成了撒谎精、骗子和胆小鬼。他向每个愿意听他讲话的人抱怨她的不是，数落她的种种缺点，把一个贤惠的女人描述成一肚子坏水的老巫婆。"现在我可算认清她的真面目了，只有我知道她是个什么人，大家只看到她好的一面，那根本不是她的真实面目，你们都被她骗了。"他打电话给朋友，历数前妻的种种劣迹："有些事情你得知道。"

我们乐此不疲地妖魔化"压迫者"，把对方塑造成一个坏人的形象，以博得朋友或心理咨询师的同情，哀叹着我们幻想中的生活是如何美好。

这位男士等着他的"压迫者"妻子改变自己，等着他自己真的变成受害者，他把自己唯一能改变的人囚禁在这段关系里，这个人就是他自己。我们相信自己就是受害者，却没看到我们是怎样一步步把自己变成受害者的；我们将自己的所作所为归咎于他人，对真正的罪魁祸首却视而不见。

这个欺凌妻子的男人坚持说妻子是骗子和胆小鬼，好像他对她的欺凌是希望她变好。他既对妻子说了谎，也对自己说了谎。欺凌别人其实是懦弱的表现，他害怕面对生活，无法接纳现实，试图通过这种方式逃避现实。当他的幻想破灭时，他试图毁掉自己的妻子，最终导致她一走了之，彻底戳破了他的幻想泡泡。

心理咨询师必须质疑那些受害者情结，不能被来访者塑造出来的受害者形象迷惑，而要引领来访者接纳他们所逃避的现实。只有让他们面对现实而非痴迷于幻想，他们才能接受，自己所爱的人和他们一样，有好的也有不好的特质。别人伤害了他，他也伤害了别人。虽然他们表现得像无辜的受害者，但他们并不是完美无缺、无可指责甚至是无罪的。

接纳生活的真相或许是困难的，因为接纳生活的本来面目意味着幻想的破灭，我们需要一种情感上的勇气来帮助自己承受痛苦，而无须逃避、解释或辩解。如果我们把自己当作受害者，就会不由自主地要求别人认同我们编造的故事。我们必须放下这些故事，看看被掩盖在故事之下的真实的自己。

当我们卸下伪装的时候，我们会有种赤身裸体的感觉。

比如我在试图引导一名来访者面对他一直逃避的事情时，他指责我："你在试图揭露我！"我解释说："我没办法揭露你，只有你自己能袒露自己。我可以问问题，由你自己选择是否袒露自己。你愿意向自己袒露真实的自我，不再盲目生活吗？"

当他选择袒露自己的内心世界时，他发现，事实上自己一直是"赤裸"的。我们的伪装不过是一层虚幻的纱幔，我们试图隐藏自己，但是无论如何，别人还是能看到我们。如果没有这层虚幻的纱幔，我们就不会脱离现实；而当我们都卸下伪装时，我们就能从心底深处意识到我们每个人都在和自己的感情、谎言及欲望作斗争。

感受是爱的不同形式

我们能在心理治疗中得知什么？真相。那么我们如何得知真相呢？接受它。那么谁是我们的老师呢？"当下。"为了确保我们注意到真相，生活会不断给我们发信号：焦虑、愤怒、悲伤、抑郁、好或坏的关系，以及正在发生的一切。当生活让我们难以承受时，我们就会寻求帮助或拖延。

有位年轻的姑娘等待着眼前的生活变得如自己所愿。老板拒绝给她升职，她很生气，问道："我必须接受这个吗？"

"不。生活会等到你准备好。"

"我还没有准备好。"

"你想等多久？"

我们总希望等待是一根魔杖，希望挥一挥魔杖就能让眼前的生活符合我们的幻想。但是，我们只能让幻想迁就现实。

当我们不再等待生活改变时，我们才能开始改变。生活中的每一次危机都会打破我们的防御，释放我们的情绪，揭示我们隐藏的自我。隐藏的自我暴露之后，自我洞察力才会显现。当我们深入自己的内心世界时，我们就能看到深层次的自我，找到自己一直渴求的智慧。此时，我们可以选择接纳或否认自我。

这种选择不是一生只有一次，而是每时每刻都在发生。在一次咨询过程中，我的来访者落泪了。我问他："你现在感觉怎么样？"

"我在想那一次——"

"但是现在呢？"

"昨天我——"

"你现在的感受如何？"

他泪流满面："我记得父亲临终的时候，别人都以为他已经听不到了，所以没有和他说话。我坐在他旁边，和他说我们刚刚参加的派对，他伸出手拍了拍我的肩膀。"那一刻，他突然意识到他讨厌的父亲一直爱着他。

他的这个新想法来自他的内心深处，我们内心深处的感觉确实会让我们害怕，把我们击垮，但它也将我们拉入自我的深处，那是所有觉知的源头。在悲痛中，这位来访者不仅体验到了自己对父亲的爱，也感受到了父亲对自己的爱，明白了自己对于父亲而言是一个馈赠。

情绪会将我们变成一面棱镜，当我们的感受光谱透过我们，就会折射成一道独特的光，这道"光"就是洞察。[3] 这种洞察并非来自头脑，而是来自我们的内心。

当我们不再否认现实时，幻想就会轰然倒塌，感受就会随之而入，我们本来的自己、从前没有见过的自己才会出现。感受是爱的不同形式，是邀约，让你拥抱真实的东西，这样，虚假就会消失，真实的你就会显露出来。

痛苦的背后是什么

假如每种感受都是爱的不同形式，那么由创伤引起的感受呢？想象一下被焦虑困扰的感觉，怎么可能是爱？

我们内心感到痛苦的时候，可能会试图通过归咎他人摆脱痛苦。我们竭尽全力想要绕过生活的痛苦，却事与愿违。生活总是把愤怒、内疚和幻想夹杂在一起。我们痛苦的背后，正是我们内心深处害怕接受的真相。

第二章

TWO

我们如何逃避生活的真相

你在逃避什么

我们之所以要对自己说谎，不过是为了逃避面对和接受现实时产生的感觉。

我们常常期待幻想成真，而非面对现实，以此来逃避生活的真相。这种对幻想成真的期待是我们关于所爱之人、我们自己和生活本身的谎言之一。我们之所以痛苦，常常是因为我们总是和现实较劲儿，而且屡战屡败。

我们一般很难觉察自己在说谎，所以需要心理咨询师引导我们看见这些谎言和说谎的代价，进而开始面对自己一直在逃避的现实。

我们只有放下幻想，接纳现实和自己真实的感受，才可能看到自己真正的样子，看到世界真实的样子，从而才能真正走进它以及它所揭示的真相。

苦　难

我们往往在生病时，才意识到健康是多么可贵；在即将失去生命时，才明白自己将一无所有。我们拥有身体、思想和爱人，当咽下最后一口气时，那些都不再属于我们。生命的流逝可以打破幻想，揭示我们被赋予了这一切，却不曾拥有他们。

生活从来不以我们的意志转移。我们以为生活会以我们希望的方式出现，但生活却我行我素，不尽如人意；生活并不按照我们脑海中的样子出现，而且很多时候，无论我们如何对抗现实，现实总能获胜。[1]

然而，疾病和痛苦并不能消除我们对生命的幻想。对现实的抗拒让我们认为生命不公平、不公正。我们不肯面对现实，选择不切实际地等待幻想中的生活到来。结果，生命悄悄从身旁溜走，幻想中的生活永远不会来临，而我们会因为浪费生命遭受更大的损失。

丧失是现实的一部分，我们可能要面对一个人、一段婚姻、一段关系、一份事业或一个梦想的丧失。不切实际的愿望注定无法实现，当幻想遇见现实，对永恒的向往遇见无常，对无限的渴望遇见极限的时候，幻想都注定烟消云散。

一位女士渴望得到哥哥的爱，但哥哥很嫌弃她，对她大吼大叫，还窃取属于她的遗产。她得不到哥哥的爱，于是把对哥哥的爱转移到哥哥的女儿身上，她经常去看望和照料自己的侄女，但后来连这一点也被拒绝了，哥哥告诉她别再来了。失去了和哥哥建立爱的纽带的机会，她的情感堤坝似乎崩塌了，悲伤肆意奔涌，像洪水一样把她的愿望冲走了。

在为自己幻灭悲痛欲绝之后，她感觉好些了吗？（她仍然和她哥哥有关系，只是不是她想要的那种。）

"我从来没有那样哭过，太痛苦了。但哭过之后，我释然了。"她说。

我问："你怎么做到的？"

"哭过之后，我意识到自己可以面对现实了，我这才意识到自己曾经是多么努力地在逃避它。上一次咨询之后，我才真正开始面对它，不再和它对抗。这让我感觉轻松多了。"

我们幻想自己会如何被爱、被尊重、被需要，而且对这种幻想心存执着。造成我们痛苦的不是这些幻想，而是我们对幻想的执着。这位女士就是这样执迷于和哥哥相亲相爱的幻想中。面对逐渐破灭的幻想，我们要么像这位女士一样伤心欲绝，要么错误地认为生命毫无价值。事实上，毫无价值的是我们的想象。这位女士意识到，她对侄女的爱是有意义的，而她关于自己成为哥哥所挚爱的妹妹的幻想是毫无意义的。因此，她只能为自己遭受的损失和因为自己拒不接纳真实的哥哥而带来的痛苦而大哭一场。

现实往往令人失望，而幻想则以无限期的承诺诱惑我们。当我们寻求咨询师的帮助时，就是在为诱人的承诺的破灭而哀悼。如果我们不肯直面痛苦的感受，就无法摆脱因为逃避真相而引发的问题。在心理咨询过程中，我们会直面自己一直在逃避的感受，不再生活在虚幻世界里。

我们希望咨询师能帮助我们面对现实、面对自己对现实的真实感受，希望通过心理咨询摆脱痛苦。心理咨询确实可以做到这一点。但是当我们真正面对幻想破灭的时候，我们可能会向心中隐秘的抗拒感投降，选择停止咨询。

"我"："我放弃对你的抗拒了，但我仍然恨你。"

现实："慢慢来，不着急。只要你愿意，不妨鄙视我。人们终其一生都可以这样做。"

"我"："你不公平。"

现实："公平是你给自己的幻想取的名字。我出现的时候，你很惊讶，你觉得你的仇恨会让我改变，会弥补你自己的幻想。但是太晚了，我已经打破了你的幻想，你准备好的时候，不妨给躺在棺材里的自我幻想举行个葬礼。"

当我们执着于那个被爱的、胜利的、被钦佩的、正确的自我形象时，为它举行葬礼是很艰难的事情。因为这些自我形象是隐藏真实自我的虚伪外衣。当现实把这件外衣从我们这里夺走的时候，我们哭泣着使出最后一招，那就是把悲伤当作需要克服和摆脱的问题。

悲　伤

悲伤不是问题，反而是一条出路。在悲伤的时候，我们更容易相信真相，洗去虚伪，留下真实。我们不再试图去克服悲伤，而是在悲伤中接受现实。在此过程中，我们无须放弃幻想，因为泪水已经冲刷掉我们对于幻想的执着。

从下面这个故事中，我们可以看到悲伤的疗愈力。

一位带有自我破坏倾向的男士总是不由自主地破坏所有的关系。这种自我破坏的倾向，几乎摧毁了他一生中所有重要关系。他不得不向咨询师求助："我需要摆脱这种羞耻感和内疚感。"

"也许你这些感受正是通往疗愈的路。羞耻感是内心深处发出的信号，说明你没有成为你心目中理想的自己。"

"那倒是真的。"他含泪说。

"你对自己伤害过的人感到内疚，表明你心中有爱。那是更高层次的自我发出的召唤。"

"我不觉得自己想成为更好的自己。"

"你不需要克服羞耻感或内疚感，只需要经历这些感觉，因为它们是自我的标志，是你外表之下最真实的自我。"

他的痛苦并非源于他的内疚感和羞耻感，而来源于他的谎言。有时候，伤害我们的恰恰不是最深的感情，而是对这些感情的抵抗。接纳生活的本来面目，会使我们感到剧烈的痛苦。当幻想破灭，我们和现实之间的纱幔被揭开的时候，我们觉得自己也要随之而去了。但最后我们会在真实的自我中重获安宁。

在后来的一次咨询中，这位来访者为自己之前破坏关系的行为感到难过。他发现过去的自己是个伪君子，没有人会真的爱他。他一边为自己所失去的一切啜泣，一边为自己的谎言感到内疚，他说："我非常感谢你，你让我重新找回了人性。"事实上，并不是我帮他找回了人性，人性一直在他的心中，只是被掩盖在了谎言之下。

沉 迷 幻 想

我们痛苦的程度等同于我们与现实的距离。我们通常不是直奔真相来缓解痛苦，而是通过食物、工作、酒精等远离真相。人们认为是这些东西令人沉迷，其实这些东西只是沉迷的表象。我们真正沉迷的是逃避真实，我们不想接受自己的感受，不想接受现实，只想要想象中的过去或未来。

我们沉迷于逃避自我，逃避现实的虚幻中，也就是普遍成瘾。食物、网络、名誉、工作和酒精只是我们用来逃离现实世界，进入我们认为他人应该如何的虚幻世界的工具。我们渴望一个永远不可能存在的理想化过去或未来，宁愿等待生活变得如自己所愿，而不愿接受当下的生活。

我们想象着生活如果不是当下这个样子，而是不同的时空，自己的内心就能得到平静、安宁和满足。对虚幻的自我、虚幻的生活的向往让我们流离失所，无家可归。我们试图逃离此刻，奔逃到下一刻，然而此刻是我们唯一的"家园"。

我们认为只有奔赴另外的时空或生活方式下，自己才能完满幸福。但即使此刻我们已经完满幸福了，也会对此无知无觉，一心追求自己的愿望，不肯接纳真正的自我。真正能让我们更加幸福的是接纳此刻的感受，而这恰恰是我们最不愿意接受的。我们心存幻想，觉得我们想要的尚在远方，而不知道我们需要觉知的就在此处。

我们试图逃离、躲避和阻止不喜欢的东西，而恐惧就是指引我们逃跑的灯塔。恐惧是一束光，指引着我们潜入抗拒的深渊。只有当我们接纳内心的恐惧时，我们内在和外在的自我才能水乳交融。

然而，我们往往很难意识到自己在抗拒某种感觉，反而会抗拒触发了这种感觉的人。例如抵触自己的伴侣，不理会他们说的话，等着他们说出我们想听的话。这种脱离自我的情况很可能导致婚姻的破裂。

一位戴着棒球帽、穿着凉鞋的中年男子坐在我的办公室，用游离的声音告诉我，他的妻子坚持要离婚。他们挣扎了好几年，夫妻俩分别去做过心理咨询，也一起去做过咨询。现在妻子已经放弃了，但是他还不愿意放手。

"我不敢相信她竟然想离婚。"他说。

"你不必相信，她就是想离婚。"

"我不明白她为什么要离婚。"

"你不必明白，她就是要离婚。"

他笑了。"是的，我知道，但这毫无意义。"

"它不需要对你有意义，因为它对她有意义。"

"我不想放弃。"

"现在可能不是放手的时候。"

"是的，我希望能解决这个问题。"

"她不想再留在这段婚姻里了，而你还想留下来。你能接受这个现实吗？"

他的脸上闪过一丝悲伤，说："我们最近和孩子们一起去旅行了，感觉很好，"他停顿了一下，"美好的感觉持续了一天。"

他停顿了更长时间，笑了笑说："直到我们吵架。她说，'你在生我的气，对吗？'我说'我鄙视你'。"

他接着说："您可能认为我在否认现实，但我就是不想放弃。"

如果我直接指出他在否认现实，只会增强他的执念，并不能使他觉察到自己在否认。于是我决定反其道而行之，赞同他的否认，如果他能在我身上看到否认，他会更容易在自己身上看到。

"为什么要放弃？也许下周、下个月或明年才是合适的时间，也许坚持下去更重要。"

他叹了口气，承认道，"是的。我的意思是还有孩子们呢，她还没有想好离婚后孩子们怎么办。"

"既然你们有孩子，她还没有考虑清楚怎么处理孩子问题，而且她让你十一月才搬出去，你现在应该再坚持一下。"

他脸上的笑容消失了，叹了口气说，"几年前，她就不愿意和我同房了。她说我们可以住在一起，但是不要再睡在一起了。这件事对我来说很困扰。"

"虽然她不想和你同房，想要离婚，但是你还是应该坚持下去。"

"我们刚在一起的时候，她是多么甜蜜、体贴！"

"真可惜！为什么要离开那个关心你、爱你的女人？"他移开目光，脸变得通红，泪水从他脸上淌下来。

和现实的割裂使他痛苦，对现实的否认使他受难。他否认妻子有她自己的感受并因此提出离婚。他没有听妻子说的话，他只听从自己的愿望。难怪她要离婚。因为他早就和她"离婚"了，他对她的语言和情感视而不见，充耳不闻，他娶的是他自己的否认。正是因为他和自己的否认发生了亲密关系，才导致他的妻子拒绝再和他有亲密接触。他等着一心想要离婚的妻子变回那个曾经可爱的女人，却把现实中的妻子赶走了。他因为妻子和自己幻想的有差距而惩罚她，他让妻子感到内疚作为他欺凌妻子的工具。她决定离开，因为他已经先离开了她，和他心目中的完美"妻子"在一起了。

当他否认妻子想要离婚的现实时，我可以和他争论，但这会让冲突似乎是发生在我们两人之间。而如果我附和他的否认，他就会体会到是他的否认和现实之间存在冲突。结果，他痛苦地闭上了双眼，但是他妻子想要离婚的事实并没有因为他闭眼不看就消失了。

如果他真的希望妻子重新考虑离婚的事情，他就应该学会倾听她的语言，觉察她的情感。假如他从不听她说话，只是一味否认，她也没必要听他说话了。要结束他的痛苦，他需要和妻子重新建立联系，而非等待她变成另外一个人。他并没有意识到他和理想妻子的结合只是一种幻觉。

他否认现实以逃避自己对于事实的感觉。这么做的代价是什么？忽视妻子想要离婚的事实并不能阻止妻子和他离婚。

逃离：地理疗法

我们很少逃避外在的问题，却喜欢逃避心理的痛苦。但是我们经常意识不到自己害怕的是内心的东西，而误认为自己害怕的是外在事物。我们想以此逃避问题，这就是地理疗法，但这并不能使我们超脱于生活之外。无论走到哪里，内心中的感受还是如影随形。我们所逃离的一切内心感受，总是伸出"手"向我们要更多的爱。然而我们不但没有去回应那些向我们伸出的"手"，反而转身就逃，拒绝接受，拒绝停留，拒绝为内心的感受改变自己。

我们把心理咨询称为"谈话疗法"，我们可以通过语言逃避自己需要面对的感受。[2]一位年轻女士和我交谈时，语速越来越快，仿佛在和自己的感受赛跑。我打断她，问她知不知道自己的语速有多快。

"我就是这么说话的。"她说。

"你在与自己的焦虑和感受赛跑。我们来看看你这些话背后隐藏了什么？"

"但我有很多话要说。"

"当然。但是我们可不可以深入一下，以便分析你心里的感受？"

她一脸哀伤地说："我觉得好紧张。"

"究竟是什么让你紧张呢？"

她开始抽泣。

一旦我们不再用语言逃避自己的感受，我们就能感受到它了。我们总是想象自己距离那个需要疗愈的伤痛很远，实际上我们时刻都在经历这样的伤痛——就在此刻，就是这个我们当下不想要的经历，这个我们想要逃离的经历。

在寻求幸福的路上，我们忘了树木从不急着生长；我们也从不把花蕾剥开让它开花；花朵也从来不强求与众不同或开得更长久，它任由生命的内在压力将花瓣层层向外推开，逐渐开放。你有没有试过把一支漂亮的玫瑰花剪下来插在花瓶里，一天去看好几次？花朵凋零，美丽永存，即使它的最后一片花瓣飘落在花瓶旁边的桌子上也依然美丽。

人比花朵复杂得多。感受揭示了真实的自我，如果我们切割感受，就意味着和内心深处隔绝，会感到一种难以名状的失落。假如我们和内心感受带来的不适一起坐下来，我们就能发现在语言、借口和解释下的真实自我。当我们的生命盛放时，我们是否可以和"不知道"及"想知道"安然共处？

如果我们向另一个人敞开心扉会怎么样？我们的生命将如何盛开，一段关系将如何绽放，生活将如何舒展，都不得而知。我们能忍受不知道自己将会成为什么样的人吗？

我们害怕向未曾谋面的人展露自己，害怕不知道自己可能成为什么样的人，我们只有接纳自己这些恐惧，才能获得疗愈。我们向咨询师求助，在他们面前展露自己，改变自己，发现真正的自我。真正的自我或许被掩盖在他人灌输给我们的观念之下，被掩盖在我们自己的观念之下，被掩盖在我们深信不疑但自己都没有意识到的观念之下。不仅能否疗愈是未知的，就连我们自己也是尚待探索的未知领域，尚有待开发的潜能。

我们常常沉迷于逃避真实的感受和真实的自我，沉迷于幻想中的自己、他人和心理状态，这对我们是有害的。

幸运的是，生活一直都在陪伴着我们的成长。它永远忠诚地每天出现，每天都给我们看见它、接纳它的机会，激发我们的感受和抵触。现实让我们与外界重新建立联系。

心理咨询师愿意提供的帮助也同样是："你愿意面对和接纳真正的自己，得到疗愈吗？"

"我不想成为真正的我，我宁愿沉迷于幻想中的自己。"

"你的沉迷不是问题。接受你的沉迷这个事实，你就离自己寻找的幸福更近了一步。我们要接纳你现在的状态。"

"我希望摆脱这种像上瘾一样的感觉。"

"不，你希望摆脱外在生活和内心世界，但是它们是你永远都无法摆脱的。"

生活和疗愈中的谎言

为了摆脱外在生活和内心世界，我们选择了谎言。但是，这个谎言是与众不同的，是普遍性的，甚至是不可见的。它是一种防御。正如精神分析师唐纳德·梅尔策（Donald Meltzer）所说，防御是我们为了避免痛苦而对自己说的谎言。[3]

一位女士的丈夫出轨了。她说："他不应该那样做！"

（谎言：现实不应该是这个样子的）；一位小时候被父亲虐待的男士说："父亲打了我，我很高兴，因为我活该。"（谎言：我假装自己对父亲只有爱没有恨）；一位被丈夫抛弃的女士说："他会回来的。"（谎言：如果我不说，现实就不存在）。

想象一下，如果一个女人在一段关系中总是若即若离、孤独、隔绝和沮丧，她会是什么感受。我问她："你对丈夫的出轨有什么感觉？"她回答说："我感到虚无。"

她没有意识到，她对自己和我都说了谎。我能和一个虚无的女人对话吗？或许我应该指出她把自己隐藏在了虚无的面具下？或许我应该相信她的谎言？当我们感到非常痛苦，内心充满各种情感的时候，我们都可能会假装虚无。没人有资格去批判其他人隐藏自己的感受。

她清空了自己，并想让我把她当作处在一段虚无关系中的虚无女人对待。作为回应，无论是作为朋友还是心理咨询师，我们都必须接受一个现实，那就是她说谎了。她有感受，所有人都有感受，只是她把感受隐藏起来了而已。为什么？

小时候，我们需要依附父母生活，当我们无法和父母分享自己的内心世界时，我们就学会了隐藏。[4] 当我们讲述感受的时候，其实是在讲述那一刻经历的真相。如果我们说出自己的感受会让父母生气或焦虑，我们就会隐藏自己的感受减少父母的焦虑，以维持和父母的关系。这位女士学会假装自己的感受消失了，她的假装如此浑然天成，简直和她说母语一样自然。问题是她的感受不会因为隐藏而消失。

这位女士过去的亲密关系导致了她的痛苦。由于她的母亲曾经疏远她，她也和自己的感受以及和我都保持着距离。然而，她的问题，即疏离，同时又是有助于疗愈的，因为她现在的行为显示了她过去经受过怎样的伤害。通往爱的障碍暴露了她需要疗愈的伤口。

她希望我能接受她小时候不得不接受的那种空洞的关系。但是，如果我接受她的"虚无"，我们的关系无疑也会是虚无的。我没有接受她所建立的曾经伤害过她的虚无关系，而是重新建立了一种合作关系。

当她说自己感到虚无时，我回应说："你说自己感到虚无，想让我把你作为一个没有感受的人对待，希望和我建立一段虚无的关系。你在你我之间筑起了一堵空墙。是因为我引起了你的什么感受，从而让你筑起这堵墙吗？"

"我不确定自己是不是想和你合作。"

她在威胁我，如果我说实话，她就要离开，正如她的母亲曾经威胁她那样。听到她的威胁，我说："听起来你对我的话有所反应。你对我是什么感受？"

当来访者因为我们的诚实而发出威胁的时候，我们为了避免发生冲突，有可能会顺着他们的谎言进行谈话，但是我们一旦这么做，他们的谎言和现实之间的冲突就会造成我们和现实的冲突；而如果我们接纳来访者的谎言，就相当于放弃了这个人。

当我问她的感受时，她说，"我觉得自己没有什么感受。我的意思是我可以扔掉一些东西，但这种感受应该不是真的。"

"没错。你在让我和一个你幻想中的人建立不真实的关系。这就是你在你我之间设置的障碍。你对我有什么样的感受导致你筑起了这堵墙？"

在咨询过程中，我们经常发现很多来访者在孩提时代就接收到这样的信息："说谎，我就会爱你，说实话，我就会离开你。"这样的信息可能没有体现在语言上，却经常体现在实际行动上。作为回应，孩子可能会牺牲自己的正直、诚实，甚至理智，来获取他们赖以生存的父母的爱。我们当中的很多人还在继续过着这样的生活。这种生活本身就是破坏性的体现。

无论是作为咨询师还是朋友，我们都应该传达这样的信息："因为我在乎你，所以我会对你坦诚相待。如果你羞辱我，我不会以牙还牙。你指责我伤害你，但其实是你的谎言在伤害你。真相是灵魂的食粮，它永远不会伤害你，而如果你隐藏真实自我，以虚假形象示人，这种行为才是你灵魂的毒药。"[5]

我们所有人都在说谎。当我们让另外一个人靠近自己时，我们总会面对那个亘古不变的问题："我能否把那些不能忍受的事告诉你？我是否得隐藏自己的真实感受？"过去，也许我们不得不活在谎言中。而现在咨询师想让我们放下谎言，这样我们才能一起面对真实。

不是执迷爱而是执迷否认

我们试图逃离自己的感受，却无法逃避真实的自我，无法逃避此刻正在发生的事情，除非我们永远躲在幻想里。幻想中的爱情永远比已经失去的爱情更加诱人。

一位男士来接受心理咨询，希望能放下前女友。"我知道放不下她让我很痛苦，但是我还是忍不住等她。我觉得她还有可能回头，我不想放弃这个可能性，"他顿了顿又说，"也许我对她着了迷。"

是的，他着了迷。但是他不是对前女友着迷，而是对她已经离开自己这个事实的否认着迷。他不肯放下自己的幻想："她会回来的。"为了抵御和前女友分手产生的痛苦感受，他否认已经发生的事实，试图活在自己的幻想里。

让他沉迷的并非前女友，而是他自己的幻想，他明明知道她已离开他，但在他的幻想中，她回心转意，重返旧轨，和她曾经抛弃的男人从此幸福快乐地生活在一起。

"我想要她回来。"他说。

"你希望前女友能回头，谁不想让已经离开的女友回头呢？为什么要放手呢？"

"我知道如果再不放手，一定没有好结果。"

为了帮助他看到自己行为的逻辑矛盾，我决定扮演他的角色，这样他就能在旁人身上看到和听到自己。我说："如果坚持不放手，她可能就会妥协，这有什么不好的。"

"我不想再等她回头，但是没有办法控制自己。"

"你情不自禁想要的是自己脑海中的幻觉，而不是已经转身离开的前女友。她拒绝你的时候，你还爱着她。你能接受这个事实吗？"

"我不想放弃她将来可能想和我重归于好的可能性。"

"这也意味着你不想摆脱她投入别人怀抱的可能性。"

"我想起那些美好时光就很心痛。"

"不。那些美好回忆只是不断提醒你，你还在等那个已经离开的前女友，让你心痛的是你在等待已经逝去的东西。"

当前女友离开他的时候，他拒绝接受现实，等着她回头。如果我们等着宇宙按照我们的意愿运转，除非我们能长生不老。他像一个站在马路边伸手拦车的人，在等待一个永远不会到来的幻想，而生活的车轮就在他身旁驶过。"现实是痛苦的，但否认现实是危险的。"⁶ 如果我们一直等待自己想要的生活，或许会失去现在拥有的生活。只有直面现实，我们才能在为已经失去的东西哀伤之后拥抱我们目前所拥有的。

放弃无望的幻想

虽然人们常常想否认事实，但否认是没有用的。无论如何否认，该发生的事情仍然会发生。因为否认不过是一种想法，想法符合现实吗？想法能代替现实吗？想法能让现实消失吗？

一位女士对于她的丈夫既不支付房屋费用也不再戴婚戒感到很生气。她告诉我，她无数次想提醒他付这笔钱，但都感觉没什么意义。

"他竟会不支付自己的那部分房费，我真是难以置信！"

"没关系。你不必相信，但这是事实。"

"我不明白。"

"你没有接受现实。"

"我一直希望他会改变。"

"你一直希望你丈夫会改变。"

"难道他不应该承担孩子们的费用吗？"

"难道他不应该成为你想要他成为的样子吗？"

"那当然好。"

"是的，那样确实很好。我们可以希冀这会实现，但事实并非如此。我们可以对不再存在的东西感到愤怒，也可以选择另外一条道路。选择另外一条道路并非放弃自己或放弃生活，仅仅是做了不同的选择而已。"

"我明白了。我必须面对现实。"

希望现实能变得和自己幻想的一样，这并非希望，而是对现实的否认。生活会打破我们的幻想，让我们知道抗拒事实是徒劳的。没有希望的并非这位女士或她的丈夫，而是这位女士的幻想。我们大可不必放弃一个人或我们自己，仅仅需要放弃无望的幻想，这个时候我们就不再感到痛苦。这位女士只有不再等待丈夫变成她幻想中的样子，才能把自己从痛苦中解脱出来。

我们愤愤不平，希望生活变成自己理想中的样子，结果只能碰壁，生活依然如故。而一旦我们承认自己的愿望只是幻想，就能坦然接受幻灭了，也就是自己认识到了等待现实变成非现实是无望的。

当我们放下对幻想的执念时，我们就会对生命的馈赠敞开心扉。正如哲学家恩斯特·布洛赫（Ernst Bloch）所说，当我们伸出手去抓住那些正伸向我们的事物时，就会升起真正的希望。当我们伸出手去拥抱真相时，我们就有可能感受到希望，在那一刻我们似乎在舒展。[7]并不是希望让我们得到了舒展，而是希望向我们展示了我们幻想之外的更大空间，那个我们原本就有，只是早已被遗忘的内在空间。

咨询师能帮助我们看清那些使我们盲目陷入绝望的谎言，让我们看到真实，追求真实，重拾希望。在我们不再否认真相的那一刻，通往无限可能的路就打开了。我们必须放弃无望的幻想，才能在现实中重拾希望。

我再也无法忍受了

相较于拥抱现实，驱散幻想，我们宁愿让生活再等一等，直到自己能"应付"它。比如，我们经常说"我受不了"，我们"还没准备好"或"这事儿不应该发生"。

一位商人愤怒地说："我再也受不了了！她分明知道自己在做什么，而这么做是错误的！"他经常忽视妻子和她的抱怨，最后，她有外遇了。

我们说自己受不了，但其实我们能受得了。"我受不了"的意思是"我不想要这样的生活"。

生活似乎与我们作对。然而我们就是生活的一部分，难以将自己和生活割裂开来，和生活不融洽的其实是我们的执念，我们认为生活应该如同我们幻想的一样。

我们的想法总是落空，因为生活总是不服从我们的命令。这让我们觉得现实生活貌似太令人难以接受，但事实并非如此。是我们的执念难以接受现实生活，因为生活总是在打破我们的执念——如果我们足够幸运的话。当幻想破灭的时候，我们误以为自己也要崩溃了，但是那只是伪装成我们自己本质的幻想正在消散而已。

还有谁能比一个未能满足我们期待的孩子更能粉碎我们的幻想呢？一位母亲未能保护自己的儿子免受父亲的虐待，

后来，儿子以此为由要挟母亲给他提供经济支撑，声称他的问题都是因为她的错。母亲被逼得没办法，只好拿钱给他。我向这位母亲指出，她的儿子是在勒索她，她为了换取他的宽恕而采取这种"息事宁人"的办法，只会带来更加恶劣的后果。她说："这件事让我饱受折磨。"

"不。这件事折磨的是你自己的幻想。"

她点点头，抿着嘴唇，泪流满面。"但是我不愿意伤害我们的母子感情。"

"你怎么可能伤害已经不复存在的东西？"

她口中的母子感情，只是她和幻想中的儿子的感情，而非她真正的儿子。她希望儿子能正视真实的她，而不是凭他推测母亲如何。儿子认为她不是个好妈妈，就应该永远受苦，一辈子补偿他。她所不忍心伤害的母子感情，根本不存在，在几十年前就已经消逝了。

儿子看到的母亲只是一个幻影，并非她本人；她看到的儿子，也只是一个幻影，并非他本人，因为她渴求的是那个已经消失的可爱的儿子。

一旦放下幻想，我们就能生活在自己曾恐惧的现实里。

当这位母亲放弃等待她幻想中的儿子后，她不再试图用金钱买回他的爱，而是开始去爱她真正的儿子，儿子对她的勒索也就告一段落。

在埋葬逝去的幻想前，我们或许还会经历一段时间的抗拒："为什么会这样？"也就是说："为什么这样的现实会发生在我身上？"生活低声说："为什么不呢？我也发生在其他人身上，并没有针对任何人。"

以我自己为例。我过去经常说："我从不生病。"然而，我后来被诊断出癌症。我的幻想过去被误以为是事实，现在我只能把它扔进心灵垃圾桶。我没有崩溃，但是我的幻想破碎了，肿瘤在我的身体里生长并不需要符合幻想。

"我不明白为什么会这样"，我们这么说，这没什么问题。我们不需要理解眼下正在发生的事情，因为无论我们理解与否，它都是存在的。我们不顾事实，试图和生活讨价还价，希望生活能够这么说："你还没明白？没问题，你明白之后我再来吧。"

我们与事实较劲的方法之一是拒绝理解我们的配偶，要求他们解释，直到我们理解为止。一位太太怒气冲冲地问丈夫："你干吗花那么多时间在网上下棋？"

"我很享受呀。"

"这一点儿意义都没有，就是浪费时间，一点儿用都没有。"

"你看看，我已经做完了家务，这会儿闲着，我就喜欢这个。你能不能别总是一天到晚唠叨我？"

"你必须说服我这件事儿是件好事儿。"

说服妻子为什么他喜欢她不喜欢的东西不是他的分内工作。她试图通过用不理解丈夫的这种表达方式欺负他，希望他说："你不理解我？好的，我不会坚持做自己喜欢的事儿，直到你明白为什么我有权不按照你的意愿生活。"

她给他的信息是："我怎么才能让你和我的喜好一致呢？"如果我能管住你，问题就解决了。这个策略注定会失败，因为差异总是存在的。我们希望对方身上完全没有我们不喜欢的部分，但正是那些部分的存在，他才是他。

配偶既不会把自己缩小到符合我们的理解，也不能拓展自己来符合我们的幻想。因为现实就是一切，其中包含了我们的幻想，而幻想是为否定现实而生的。我们常常意识不到自己想要改变的事实会继续存在——例如这位女士的丈夫喜欢下棋。如果我们过度沉溺于自己的幻想，就会不由自主地逃避现实。

一位女士和她不愿意出去找工作的丈夫吵架了。多年来，她一直因为丈夫的行为责备他，甚至认为自己是为了女儿们的"美好生活而战"，还感到挺自豪。她从"战斗"中得到了什么呢？她向女儿们展示了如何与粗枝大叶的丈夫相处：等着他改变，抱怨他不长进，为自己忍受这一切而自豪。

我们想让人们和生活变成我们想要的样子，他们确实会改变，但他们有他们自己想要的样子，而不是我们想要的样子。当他们没有按照我们的意愿改变时，我们的幻想可能会破灭，也可能我们还在暗暗地坚持着自己的幻想。如果幻想破灭，我们会感到痛苦。

当梦想破灭的时候，我们不必故作坚强，只需要在真理把谬误焚烧殆尽的时候不逃避就可以了。[8] 我们的希望、思想和想法也会在生命的火焰中涅槃重生。

我们希望控制现实，仿佛试图推动生命之河的波浪。波浪触岸而碎，而河流依然如故。我们试图拒绝存在的事实，而事实不会拒绝我们，它永远接纳我们，虽然我们总是在全力抗拒它。我们能否接受现实的怀抱，回归现实呢？

抗拒就会受苦

当我们拥抱生活时，我们难免会感到痛苦。这是不可避免的。在弥留之际或死去的那一刻，我们会失去我们拥有的一切以及所爱的每个人。

相比之下，痛苦是可以选择的。经历心碎之后，我们或许会建起防御，用谎言哄骗自己，以逃避生活带来的痛苦。但是我们的防御，也就是逃避现实的方式，会带来更多的痛苦。我们推开正在发生的事情和由此产生的感觉，"我没有生气，只是失望""我简直不敢相信！""她不可能是那个意思"，然而生活的破洞依旧存在。

还记得那位因为丈夫出轨而产生幻想的女士吗？在后来的咨询中，我发现这位女士多年来一直抱怨丈夫没有善待她，她却只是一直在等待他变成另外一个人。对她来说，直面丈夫的背叛以及这件事给她造成的痛苦，还算是比较轻松的。

最难的是让她认识到，多年来她其实一直在拒绝接受丈夫，责怪他没有成为自己想要的人。事实上，她并不是嫁给了自己的丈夫，而是嫁给了自己心中的幻象。她已经和丈夫"离婚"好几年了，而她像是并没有意识到这一点。为了等丈夫变成自己想要的那种人，她剥夺自己，惩罚自己，称之为忠诚。她从来没有意识到，对于虚幻的忠诚就是对自己的背叛。

起初，她以为是他对她残忍。最终，她意识到她对他和她自己都很残忍。她要做的是接受现实：他已经"离开"了她，"离开"了家庭。她也"离开"了他、"离开"了自己和自己的那种感觉。

扮演受害者很容易，承担生活的责任很难。"我创造了自己的生活！""受害者幻觉"犹如海妖之歌，听起来如此甜美、纯洁和正义，因为它把我们从生活的河流中引诱了出来，让我们缩进一个悲惨的世界。在这个世界里，别人是坏的，自己是好的，一切都黑白分明。我们在幻想中迷失了自己，幻觉自然就会出现。

当我们深陷"受害者幻觉"中时，我们"知道"对方做了什么，为什么这么做，应该做什么。所有这些看似简单、真实、显而易见的"知道"，都只是我们的假设，仅仅是我们耳边的梦呓。事实上，我们从来没有完全探查过另一个人的内心，对他人的理解是不完整的和片面的，我们以为的"知道"只是谎言，是伪装成一棵树的碎片。

而那些"应该"，是我们对宇宙的指示，告诉人们他们应该如何按照我们的意愿行事。但是宇宙不理会我们的意愿，它按自己的规则运转。生活不断冲撞我们的"应该"，冲撞我们对生活的幻想。

当我们不接受生活本来的样子，只期望得到自己想要的样子时，就会觉得自己是生活的受害者，而不会想到痛苦是自己造成的。有位女士很沮丧，生自己丈夫的气，数落丈夫麻木不仁，粗心大意，冷酷无情。

这位女士一直坚信丈夫很冷酷，认为他应该更温情、更体贴。可是她允许丈夫做出伤害自己的行为，更是在对自己冷酷、麻木和粗心大意。她把自己放在受害者位置上，不去爱自己，却要求对方爱自己。这个策略是注定会失败的，因为他的爱永远不足以消除她对自己的"迫害"。

随着自己幻想中受害者形象的崩溃，我们会清楚地看到我们是如何把自己变成受害者的。这时，悲伤开始流动，真实的自我开始显现。

然而我们有可能错误地放弃生活，而非放弃自己的幻想。一位被丈夫虐待的女士问："我该离开丈夫吗？"

"不，但你可以放弃自我惩罚。"

"我应该改变吗？"

"这不是你应不应该改变的问题，而是你是否想改变的问题。"

"应该"是一种隐藏的暴力，一种内在的指令，指挥我们去做自己不想做的事情，感受不属于自己的感受，做那个不是自己的人。也许我们现在能做的最好的事情就是接受自己想要拒绝现实，再在自己的幻想里停留一小会儿。

我们可以要求配偶变成我们喜欢的样子来坚持自己的幻想。一位二婚的女士抱怨自己的丈夫爱看电视、买DVD。

她承认他是好丈夫，但是她一直让他相信自己的爱好是错误的，争吵不断升级，直到丈夫威胁要离婚，而这又成了另一件他"不应该"做的事。

"我怎样才能让他相信他周末的时间都用来看足球是错误的？"她问。

"既然他喜欢看足球，他为什么不能做他喜欢的事情呢？"

"你看足球吗？"

"不看。但他既然喜欢足球，他为什么不能看呢？"

"因为浪费时间。"

"这是谁规定的？"

"我。"

"对呀。因为这对你来说是浪费时间，所以你不看足球。而这对他来说是一种乐趣，他就应该看呀。"

"可是我受不了啊！"

"也许他是对的。如果你不能忍受他现在的样子，你就应该让他走，这样他才能找到一个可以爱他本来样子的女人。"

"我放弃！"

"这就对了。要么放弃让一个男人只喜欢你所喜欢的东西，要么放弃你的丈夫。你总要放弃一样，要么放弃他会和你一样的幻想，要么接受丈夫和你离婚。我敢肯定，虽然他喜欢周日看球，也会有女人爱他。"

她想控制自己的丈夫，让他成为自己想要的人。但是，人控制不了现实，现实不会去迎合人的幻想。只有摆脱了幻想，我们才能走进现实。这时候，由于我们抵抗而产生的痛苦会悄悄告诉我们："你迷失在幻想里太久了，回家吧！"

在桌子上跳舞

但我们不肯回归到痛苦的现实，而是试图摆脱它。几年前，在一个晚宴上，有位熟人问她的丈夫、我和我太太："如果你能得到世界上所有东西，你想要什么？"我们想了想，一一回答了。轮到她的时候，她说："我不需要在桌子上跳舞，因为我已经被分析过了。"

起初，我对她的回复感到很困惑，后来我想明白了，她拒绝参与自己发起的游戏。在游戏中我们都透露了自己的愿望，而她没有。我们了解到一个令人不安的真相。她相信精神分析已经净化了她的神经，重塑了她原来的性格。我们有愿望，而她没有。我很生气，她发起这个游戏，为了她自己得到净化而让我们陷入烦恼，太无聊。

她认为自己应该摆脱自己真实的样子，变成自己想成为的那个人。她想让我知道，我也是想通过做咨询找到一个灵魂姐妹。但是，我们必须放弃对自己的幻想，做真实的自己。

她没有意识到，必须接纳内心的混乱而非铲除它们，自己才能得到疗愈。

如果一个人承认自己曾经是小偷，我应该谴责他还是接纳这个事实和真实的他？我会允许一个小偷触动和感动我吗？我会不会发现自己内心也有偷窃的欲望？假如他展示的正是我自己害怕面对的自己的一部分怎么办？

如果无论我们的内心深处是多么混乱和病态，我们仍然热爱它，我们就能得到疗愈。有个笑话说："什么是心理治疗？那就是大混乱遇到小混乱。"我们对生活的原始脆弱性永远不会消失。我们要做的不是消除人性，而是接纳自己的人性，通常是通过接纳他人身上的人性来拥抱我们身上的人性。

当自己拒绝对方的人性时，自己的内心正在发生什么呢？对方的"缺陷"犹如一面镜子，我们在镜子里看到了自己。当我们看到对方的所谓"缺陷"，也就是我们拒绝的存在于自身的东西时，能否接纳它？当我们接纳对方的"缺陷"时，就会发现横亘在自己与对方之间的分界线又少了一条。每接受一个"缺陷"，我们就距离对方的内心更近一步，最终就会抵达我们自己的内心深处。

零 消 极

在一次会议上，一位主持人描述了自己心目中的理想婚姻，那就是一种零消极的婚姻，一种没有冲突的关系。我也很喜欢心想事成的科幻小说，但生活注定会有冲突。在自己的内心世界里、在不同的个体之间，总会有冲突，因为我们总是有不同的愿望；因为你不是我，我也不是你。但这都不是问题，问题是我们如何应对。

我和一个朋友讨论这个问题，我认为零消极的关系是希望重回子宫的幻想。他纠正我说，即使在子宫里也不是零消极的。在子宫里，胎儿会摄入母亲服用的药物，母亲在分娩时会精疲力竭。我们寻求的是田园牧歌般没有冲突的亲密关系，而这种关系是不存在的。

我希望每个人都同意我的看法吗？是的。这可能吗？不可能。这是消极的吗？不是，起码不会对我的成长造成负面影响。如果我们走出自我，放下幻想（例如内心对他人的要求），学会接受他人的本来面目，这将是迈向爱的第一步。

我们渴望和每个人都融洽相处，这是多么美好的愿望！但是，面对生活，我们很生气："我想要的东西没有出现！"我们想通过幻想的世界来逃避现实，我们渴望得到理想中的配偶、工作和同事，"不要做你自己，做我想让你做的人。"我们将发生的事情与自己认为应该发生的事情进行比较，试图逃进自己的幻想里。

我们想要零消极的关系，揭示的恰恰是一种消极心态——我不想要冲突，只能舍弃你。我们能不能接纳自己也接纳对方？我们的内心能否容下对方真实的一面？这世界对积极和消极的事物能够兼收并蓄，我们为什么不能呢？

　　就好像我们去散步，抬头看见太阳、月亮和星星，低头却看到自己鞋子上有狗屎。在咨询中，我们审视自己时同样会发现不同的风景。

　　生活总是五味杂陈，我们却试图拒绝现实中不符合自己愿望的部分。如果我们只接受某一部分现实而拒绝其余部分，就相当于要把自己的一部分切除。我们试图净化自己，让自己看起来像在脑海中经过美化的形象。这不是爱，而是对生活的仇恨。当我们试图超越生活时，其实是拒绝了生活。

第三章

THREE

拒绝接纳

你在逃避什么

在分析了我们对自己说谎的原因之后，再来看看我们是如何自我欺骗和歪曲现实的。我们常常不肯放弃谎言、直面谎言背后的真相，而是选择拒绝接受自己真实的内心世界（感受、思想和愿望）和现实生活。我们来看看自己是如何忽略不想看到的现实（反对、重新定位或试图改变它们）的。谎言十分有害，会给我们带来痛苦，导致不同形式的盲目。

　　心理咨询师不会迎合我们的内在防御，而是会帮助我们了解内在防御如何导致痛苦，让我们更轻松地接纳自己真实的内心世界和现实生活。

你一直在逼我

如果拒绝接受现实生活正反映了我们对于自己内心世界的抗拒呢？如果我们对他人的抗拒正是对自己的抗拒呢？假如外在冲突正好映射着自己的内在冲突呢？

人们有时会通过和别人发生冲突来避免自己内在发生冲突。有一位失业的男士走进我的咨询室，他往椅子上一坐，把胳膊搁在扶手上，等我开始。

"我注意到你正在期待地看着我。"我说。

"你是咨询师，你需要我做什么？"

"我什么都不需要你做。为了你自己的利益，你想做什么？"

"如果我知道答案，就不会到这里来了。我失业了，一直没去找工作，我太太因为我在家躺着玩电脑大发雷霆。"

"我理解你太太为什么大发脾气。但是你希望我怎么帮助你呢？"

"我不知道。我不再相信自己了。我一直在接受其他疗法，但没有任何效果。我觉得必须按照你说的去做；否则我不会好起来的。"

"如果你按照我说的去做，你就会更容易服从于其他人，让自己变得痛苦。"

"我也是这么想的。我不想来，但又在想也许你会让我做点儿什么。"

"我不能强迫你做任何事情。我可以问问题，你可以选择回答或不回答。这么说你并不想做心理咨询，但你经常强迫自己做？"

"我必须强迫自己，因为这对我有好处。这么说吧，如果不这么做，我就没办法改善。"

"你并不十分抵触心理咨询，并准备服从我的安排。"

"在我看来，你给我做咨询带有强迫意味，你让我做什么我就得做什么。"

"我不能强迫你做你不想做的事；只有你可以强迫自己。你一直都这样让自己做不想做的事情吗？"

"是的，向来如此。"

"聆听你自己的拒绝很困难吗？"

"我不相信自己说的任何话。"

"这不是真的，你相信自己想要屈服的理由，却不相信自己的拒绝。你不相信自己，想试着相信我。"

"是的，这是真的。"

"你没有聆听自己的拒绝，这很重要，因为拒绝我可能是对你自己的接纳。你对别人说是，但对自己说不。"

"你说得对。"

"但这样接受心理咨询会让你更加服从，这只会让你更糟糕。"

"这就是我告诉太太不想接受心理咨询的原因。"

"你不应该一味服从咨询师的安排，因为那是奴役，不是疗愈。"

"这么说真有趣。我被上一份工作奴役，从此我就抗拒工作了。"

"我怀疑你抗拒的不是工作本身，而是自己想象中的屈从，因为你不知道怎么避免让工作变成屈从，就像在这里一样。"

"我没有想到这一点。"

"你希望我帮助你不再屈服于他人，拒绝你不想要的东西吗？"

如果我们不能拒绝别人，也就是不能接纳自己。我们屈从于他人，将我们的选择归咎于他们，而没有意识到是我们自己放弃了自己的意愿。为了接纳我们自己的意愿，我们必须对别人说不，在心里肯定自己，尤其是当我们并不理解别人让我们做的事对自己有何意义时。

精 神 糖 浆

　　不仅来访者可以拒绝接受现实，心理咨询师也可以。多年前，我在华盛顿精神病学学院那位出色的同事莫里斯·帕洛（Morris Parlo）患上了过敏症。他不是对花粉过敏，而是对不合时宜的同理心过敏。比如说有一位男士描述了一个电话场景，在电话中他拒绝听太太说话，还嘲笑她荒谬，直到她砰地挂断电话。如果在这位男士说到他因为妻子挂断自己的电话而大发雷霆时，心理咨询师说："你一定很难过吧。"莫里斯将这种反应称为"精神糖浆"，是一种伪同理心。

无论我们作为对方的咨询师还是作为朋友，我们应该同情的是这个人，而不是他破坏自己生活的行为。如果我们同情他厌弃妻子的行为，就相当于成全他的责备和否认，成为他破坏自己婚姻的帮凶。他看不到自己如何抗拒妻子，导致她生气地挂断了电话。我们对于他的内在防御的伪同情并非真正对他这个人的同情，反而会鼓励他自我毁灭。

　　如果我们认同他是受害者，他或许会认为我们有同理心。但事实上，这反而会固化他的痛苦。如果我们关心他，就应该即使在他愤怒的时候，也对他坦诚相待。如此一来，他就知道我们支持的是他本人而非他自我毁灭的行为。

　　当我们坦诚相待时，他或许会说："你没有在听我说话！"作为回应，我们说："不，我在听你说话，但是不听你的谎言。当你无视自己如何抗拒和埋怨自己的妻子时，你就是在对自己说谎。如果我听信了你的谎言，就相当于没有听你说话，放弃了你本人。我知道我这样说让你很痛苦，但是我知道你能承受，否则我不会对你说这一番话。"我们不要和谎言交流，而要与隐藏在谎言之下的他本人交流。我们只有说真话才能将他从谎言中解脱出来。如果我们同情他的谎言，就会让他在谎言中泥足深陷。

当我向一位商人描述他如何破坏了自己的婚姻时，他很生气，说我在攻击他。

我回答说："我没有攻击你，只是在描述你的行为。到底是我攻击了你，还是你对太太的责备和厌弃攻击了你和你们的婚姻呢？"

"我以为你会在乎我的感受，但你并不在乎。"

"你希望我支持你本人还是支持你毁灭关系的破坏性习惯？当你自我伤害的时候，你是希望我指出来还是希望我袖手旁观，看着你毁掉自己的婚姻？"

他威胁说如果我不停止这样的行为，他就离开："你再这样说，我就中止咨询！""好的。如果你不想听我说的话，我不会阻拦你离开。如果我说的是假话，你离开是理所当然的；如果我说的是真话，无论你离开与否，都无法否认它的真实性，因为真相总是相伴左右，无法抛开。我当然也可以像其他人一样对你说谎，但是这种关系真的是你想要的吗？为什么要剥夺自己得到疗愈的希望？你不是一直想得到疗愈吗？"

从内心深处，我们渴望的是坦诚，即使我们要求对方说谎。而"精神糖浆"是用伪共情掩盖谎言。坦诚的心理咨询才会揭示谎言之下的真相。知识是灵魂的食物，[1] 而谎言则是毒药。无论在心理咨询中还是在亲密关系中，无论我们在上面倒多少精神糖浆，谎言都无法疗愈任何人。当别人告诉我们真相时，就是在提醒我们，我们是谁，我们忘记了谁，我们想找寻谁。

让被拒绝的自我回归

当我们不希望面对自我时，我们往往将生活的真相归咎于他人。我们将自己的愿望寄托在他人身上，期望他们按照我们的意愿采取行动，而且否认这些是自己的愿望。例如，一位男士刚开始接受心理咨询的时候说："我不知道该做些什么。"

"好的。"我等了片刻后回答。

他在椅子上坐立不安，脱口而出，"你觉得我应该做什么？"

"我不知道。"

"但你肯定知道点儿什么吧。"

"并不。"

"为什么不呢？"

"你来了对吧？"我问。

"是的。"

"你显然不会无缘无故来这里的。"

"是的，但我不知道该做什么。"

"这么说，是一个没有心理问题的人走进了心理咨询师的办公室。"

他坐在椅子上有些局促，叹了口气，承认道："好吧，我妻子想离婚。我觉得你会建议我关注下这个问题。"

"只有你自己知道是否应该关注离婚问题。"

他重重地叹了口气说："如果我不关注这个问题，她就走，我不想这样。"

只有我们觉察到自己心中的愿望时，才会在他人身上看到它们。这位男士并没有把他的愿望对我讲出来。他只关注自己的愿望，然后将愿望寄托在我身上，却又反对或无视我的想法。

一旦他屏蔽自己的愿望，把它们寄托在我身上，他就再也无法感受、面对或看到自己的内心。因为这会让他觉得是我想让他疗愈，而意识不到是他自己想得到疗愈。他没有面对自己内心的愿望，而是在审视他投射在我身上的愿望。

这个方法也许会暂时奏效：其他人似乎带有和我们同样的感受和愿望。而生活很快又会回归现实。爱人离开了，老板骂人了，孩子惹我们生气了。我们所抗拒的感受报复性地冲回来。为什么？

我们拒之门外的感受，在他人身上短暂地旅居，当然这只存在于我们的想象中。事实上，它们仍存在于我们的内心。

我们可以将自己的内心活动投射到别的人或物体上。例如，有一个人，无论他走到哪里，都看到灌木丛和树枝上有眼睛在注视自己。

他的母亲在他不满一岁时就抛弃了他。他渴望千里之外的母亲能够看见他、关注他，而幻觉中的眼睛正好满足了他这一愿望。他把内心的渴望和伤痛寄托在了头顶的树枝上。

当我们抗拒自己的感受时，会通过投射将它们送走，把它们寄托在别人身上。当我们面对生活的真相或靠近那些投射对象时，会感受到我们以为其他人会有的感觉，仿佛这些感觉在他人身上旅居之后又回到了我们身上。

那位男士声称自己不知道该做什么，他非常焦虑，他想知道我希望从他身上得到什么，没有意识到他是在对自己的愿望做出反应，他觉得那是我的愿望。我的出现刺激了他不愿意承认的内心愿望。当我的存在触发了他的感受和愿望时，他觉得那是我故意让他感受到的。实际上，他的感受和愿望犹如失落的碎片，正在使他变得更加完整。

没有人能把感受还给我们，因为它们从不曾离开我们，它们的"出走"只是我们的幻觉，只有停止幻想他人拥有我们的感受和愿望，我们才能接纳那些我们以为在别人身上，实则在我们内心的感受。

生活触发了被我们否认的感受，而焦虑是生活的信使。焦虑是那些叩击我们心门的声音，它们就像悲伤的小孩子、愤怒的小孩子或绝望的小孩子在门外问："我可以进来吗？

你会爱我吗？"

但是，我们往往拒绝内心的感受，将它们投射到其他人身上，这些人可能是配偶、孩子、朋友或老板。我们一定会在他们身上发现愤怒、狭隘、自私和刻薄，我们不愿意承认这些其实是我们自己身上的特质。我们将其投射到他人身上，远远地观察、分析、批判甚至惩罚他们。

如何确认哪些特质是自己的而被自己否认并归咎于他人的呢？我们对别人的判断、抱怨和偏见是我们可以看到自己的镜子，我们批评别人身上有某些特质恰恰是我们自己身上的，我们抱怨别人伤害了我们，只是在逃避面对我们如何伤害了自己。我们关注别人的感受而忽略了自己的感受。

很多已婚的人会把问题归咎于配偶。一个已婚男人邀请我和他不在场的妻子尝试心灵感应疗愈法。

"我的妻子在亲密关系方面有问题。"他说。

"你有没有意识到你想让我去解决她的问题而不是你的问题？"

"她有问题。"

"那也有可能，但你有没有注意到，你是想让我关注她而不是关注你？"

"是的。"

"你让我注意她，就是让我忽略你。"

"哦，我并没这么想。"

"这很重要。当你引导我忽略你时，我们之间的亲密关系就出现问题了。"

反思自己的抱怨会让自己有机会看到问题出在哪里——在我们自己身上。然而，我们常常不愿意承认是自己的问题，而是更倾向于将自己的问题投射到他人身上。我们总是想象自己内心深处有什么东西，而看不到那些真正存在于我们内心的东西。

咨询师帮助我们，让游荡在外的感受回归，或者更准确地说，帮助我们面对未曾离开过我们的感受，因为它们一直存在于我们身上。我们认为"不是我们"的投射一直都是我们的。我们拒绝自己的感受、愿望和冲动，幻想可以把它们送走，寄托在别人身上。其实，我们的感受、愿望和冲动本来就不是坏事，正是它们提供了我们所需要的信息。

拒绝了这些感受就是拒绝自己。通过将自己的感受投射在别人身上，"他们很愤怒""他们很自私""他们很苛刻"，我们试图远离或控制他们，从未意识到我们其实是在试图控制我们投射在他人身上的自己的情绪。

我们在他人身上看到的毁灭性是我们自己的。我们抱怨的这些人不需要调整。我们应该爱他们而不是改变或调整他们，这么做也可以调整我们自己的内心。

我们的配偶、其他人，以及生活本身，会触发我们试图避免的感受。我们否认那些感受和冲动，想把它们赶走，但无论我们把这些感受赶出多远，它们还是会回来。当我们说"他让我觉得……"的时候，意思是"他让我想起自己试图摆脱的东西"。

窗外有树枝、蓝天、花朵、云，宇宙容纳了一切。同样，我们的内心有思想、感受和冲动等人类具有的各种精神活动。我们试图用幻想将存在于我们内心的东西抛开，然而又常常感到一种渴望，渴望我们拒绝接受的东西：被厌弃的那部分自己。

我们能否向其他人和我们厌弃的²那些感受敞开心扉，让这些感受回归我们的内心（其实一直存在于我们的内心）？当我们这样做时，我们就可以体验承载着我们内心世界的空间。

当我无能为力时，能做什么

除了家人，还有什么更好的对象可供我们投射情绪？除了在家里，我们还能在其他什么地方提出无理要求？当我们有那么理想的发泄场所时，哪里还需要去别的地方发泄情绪？所谓"家庭冲突"经常是我们和现实的冲突。

我们所爱的人可能会做出糟糕的选择，我们有时也无法阻止他们。我们往往不去直面内心的悲伤，而是试图改变我们所爱的人来消除我们的痛苦。当我们试图让他们按照我们的想法改变时，可能会引起对方的困惑，甚至会激怒对方。当我们试图摆脱自己的痛苦、愤怒和失落时，我们还以为自己在帮其他人"灭火"。把情绪宣泄在别人身上并不能消除自己内心的痛苦。我们能够给予所爱之人最好的礼物就是把想投射给对方的留给自己，自己去执行想要给他们的建议。

我们把自己难以承受的某些感受投射到别人身上，试图通过解释、指示、要求或期待来强迫别人成为我们希望他们成为的人，这类行为隐藏的信息都是一样的——"你应该像我"。

别人也许会屈从于我们的愿望，做我们想让他们做的事情。当他们屈服于我们的要求时，我们感到高兴；当他们不那么做时，我们批判他们，认为这是他们的错，自以为自己是别人离不开的人生导师，如果对方不乐于接受我们的指导，我们还会感到惊讶。

他们会因为我们不接受他们本来的样子而愤怒。我们将他们当作家里需要修理的物品，我们给对方的信息就是："对我来说你很不错，但你需要改变。"

有些人不会遵循我们的意愿变得更加可爱，而是像我们嫌弃他们一样嫌弃他们自己。我们应该爱他们本来的样子，并接受这样一个事实：他们应该成为他们自己，而不是成为我们希望他们成为的样子。这种接受也可能意味着，如果他们不爱我们，我们要爱我们自己。这样也就建立了边界。这意味着，我们不要求他们改变我们无法控制的行为，而是我们改变自己的行为，在他们伤害我们或我们的关系时，我们不再对他们以德报怨。我们在爱他们的同时更要面对现实，不再纵容他们的破坏性。

说时容易做时难，尤其当我们的希望被我们所爱之人"放火焚烧"时。他们燃起这团火，让火越烧越旺，反而指责是我们"放的火"，让我们把火熄灭。前文提到的那位母亲不得不接受自己的儿子是个"放火者"的现实。他把自己的人生放在"火"上烤，不停地"纵火"，而母亲的爱和金钱都无法把"火"熄灭。

当亲人让我们感到失望，未能成为我们想象的样子时，我们可以对此释然，直面我们的感受，让生命像一份神秘的礼物一样被打开。我们也可以罔顾自己的感受，执着于幻想，破坏现有的关系，试图用金钱来换取自己想要的关系，并将这种行为称为"爱"。

母亲对儿子的失望也可以不是问题而是机会。长期的失望不会影响他人，反而会影响我们自己。它反映了我们抵触正在发生的事情。如果别人曾经让我们失望过一次，那可能是别人的问题；如果别人让我们失望过好几十次，那就是我们的问题——我们在否认现实。我们不可能一直失望，除非我们一直在否认现实，而你会吃惊地发现现实总会回归。人们辜负了我们的期望时，反而在帮我们认清现实。

当我们接受自己的失望而不是否认它们时，我们会悲伤，会放弃"修理"的希望和幻想。为了面对现实，我们必须将幻想埋葬。那天，我和这位母亲在我的办公室里为曾经爱过她的儿子举行了"告别"仪式。她幻想用金钱去换取儿子的爱和健康，却换不回他丢掉的人生。他的行为就是一再给母亲下达最后通牒："放弃吧！你的爱无法阻止我的自我毁灭。"不断的失望让她的幻想在现实面前一再受挫。

她说："我再也受不了了！"我提醒她："你可以做到，你已经这么做了30年。是你的否认承受不了了，被压垮了。"

我们认为自己能主导正在发生的事情，但生活才是主导者。它打破了一个童话故事，一个"世界会按我们的意志运转"的童话故事。

我们试图将生活推上幻想的顶峰，然而生活又回到现实的更低层。生活在教我们做人，其中最好的"导师"就是我们的家庭。正在发生的一切都对我们幻想中的理想之家形成挑战。我们的家庭让我们看清生活本来的模样，促进我们成长。还记得三只小猪的故事吗？生活就像门外的大灰狼，要把我们的小家推倒，我们一直紧抓着已经倒塌的希望之墙。

当我们不再执着于幻想，就能够接纳和热爱自己所拥有的家庭，发现它的奥秘。那些我们以为自己认识的人，实际上我们只是在一点点加深对他们的认知而已。即使我们的家庭确实伤害了我们，爱，意味着我们不会否认真相，而是从伤害中学到我们必须学会的东西。

当母亲放弃幻想中的儿子时，她开始爱眼前的儿子。这么一来，儿子也无法再欺侮母亲，不得不和她建立更好的关系。为什么？因为她不再像过去那样陪他"跳毁灭之舞"。

心 理 采 摘

我们不肯面对现实，而是只接受生活中符合我们幻想的部分，拒绝其他部分，希望超脱于现实之外。我们以为自己是在逃避外部世界，实际上我们逃避的是外部世界所唤起的东西，即内心世界，也就是我们的感受和焦虑。但我们永远无法逃离自我。

我们的感受指引着我们。悲痛使我们在哀悼中感受对逝者的爱意；当他人越界的时候，愤怒帮助我们保护自己；恐怖不是危险而是一种信号，提醒我们警惕来自内部或外部的危险……因此，感受是积极而有利于我们生存的。

那么，为什么我们认为感受是消极的呢？我们抗拒感受："我不喜欢这种感觉。"

我们就像心理学上说的草莓采摘者，把我们想要的感觉称为"积极的"，把不想要的感觉称为"消极的"，试图将世界一分为二，希望生活在其中一半，离开另一半。我们想要一切都好，但生活向来都是好坏参半的。

承受内心的所有感受是痛苦的，所以我们试图避开"另一半"自己。一个冥想了十多年的人努力避免愤怒，认为愤怒阻碍了他的精神成长。他声称："愤怒是没有好处的。你关注的东西都会增长，所以永远不要生气。"他用冥想技巧帮助自己转移注意力，试图净化自己身上不好的感受。然而，过于规避愤怒让他变得像个易燃易爆的门垫，在工作中默默承受，却总会在忍不下去时大发脾气。

心理学家约翰·韦尔伍德（John Welwood）将这种对愤怒的回避称为"精神回避"。[3] 我们能够而且经常会滥用精神力量来回避感受、冲突和生活，渴望一种隔离状态（误以为超脱），最终达到一种精神上的隔离。这位男士试图通过拒绝和掩饰自己的感受来超脱自己的内心世界，却没有意识到已经种下了一颗从内部生长的种子。

他将自己不想要的感受视为没用的垃圾。然而，正如空气不能离开风一样，我们也离不开自我。感受和想法由内而生而且永远存在，我们永远难以逃避自我。因为自我是不可逃离的。

我们不想承受内在的某些部分，而是试图将其切除，这既不是治疗也不是精神修炼，而是精神上的自我"截肢"。哲学家西蒙娜·薇依（Simone Weil）说过："生命不必为了纯净而自我割舍。"[4] 然而，有的人却会自我伤害，他们误认为是自己不好，想通过割舍自己"不好"的部分而达到纯净。

"精神回避"让我们远离真实。因为生活本身就包括让我们感到愉快的和让我们感到不快的部分。这位男士试图将自己的感受与生活分割开，生活在一个没有愤怒的世界里，他的自我形象，也就是他认为自己应该成为的样子，和真实的他相互矛盾。我们想把自己塑造成理想的自己，这永远不会奏效，因为我们就是现实，我们的理想形象只是幻想。

生活不是超市。我们不能挑挑拣拣，把想要的感受放进购物车，把不想要的放回货架上。为什么要将生命一分为二，把其中一半舍弃？我们要先学着接纳一切，最终，我们甚至不再需要自我接纳，因为我们一直都是我们自己。

执　迷

我们不接纳生活和我们自己，反而像采摘一样对于感受挑挑拣拣，甚至一叶障目不见森林。一个人对自己人生中最消极的事实耿耿于怀，在脑海中反复"翻阅"，最终陷入执迷不悟。他执迷于最坏的情况，意识不到是自己对世界产生了偏见和消极看法，不明白导致他痛苦的正是这些负面的想法，而非世界本身。他认为自己这种执迷不悟是可贵的沉思习惯，是更加高级的思想。

人人都有盲点

当我们不再执迷于生活中糟糕的一面时，却又转头去别处寻找更好的"真相"，而不是面对现实。为什么我们看不到生活的真相？因为我们有盲点。正是因为我们总有盲点，所以需要别人来帮我们发现我们看不到的东西。例如，有人会说，"你不知道我现在变得多么谦虚！"

心理咨询无法消除盲点，但是它能让我们知道自己有盲点，因此可以接受旁观者的反馈。出于恐惧心理，我们会用幻想和内在防御来回避反馈，对外面的世界视而不见。

然而，盲点不仅是我们看不到的问题，也是我们希望别人看不到的问题。我们不想独自忍受黑暗，要求其他人和我们一起否认正在发生的事情来蒙蔽自己。很多时候，我们可以享受彼此盲目的幸福，一起回避我们不想看到的东西。但这不会永远奏效，因为当我们否认事实存在时，事实并不会真的消失不见。这种否认制造了我们的痛苦，只是我们没有意识到这一点。

例如，一位女士自豪地告诉我，她把丈夫叫作混蛋，是在肯定自我。

"你不应该说你丈夫是个混蛋。"

"为什么不能？我只是诚实而已。"

"你所谓的诚实，别人会称为残忍。记住那句'棍棒和石头可能会打断我的骨头，但言语就不会伤害我吗'。言语很伤人，我认为你骂他混蛋时伤害了他。"

"他需要听到真相。"

"我敢肯定他受到了伤害，因为事实就是你给他起了个名字——混蛋。你不在乎他的感受。他会记住这个真相：你不在乎他。"

她相信自己对丈夫很了解，但是对自己言语的影响力、意愿和残忍视而不见。她试图通过争论，让我认可她的否认和盲点。当我指出她的丈夫可能会觉得她冷漠无情时，她说："我不是那个意思。他不应该太当真。"仿佛语言的意义可以被剥离，语言的后果也可以被剔除。她的蔑视确实起到了效果，她和丈夫离婚了。

有的来访者来做咨询时，并不知道是什么导致了自己的问题。"我不明白。我正在做该做的事情，但它不起作用。"我们对自己的痛苦有我们自己的见解，比如"他是个混蛋"，这样的见解形成了盲点，而且因为我们觉得自己的见解很有道理，因此还会要求别人认同："你不认为他错了？"

如果咨询师和朋友爱我们，他们就不会任由谎言蒙蔽我们，而是会揭露它所隐藏的真相。如果我们同样爱这些人，就必须接受他们指出的真相并生活在真相里。然而，如果我们更喜欢谎言，我们会反击他们，试图将我们的痛苦推给他们："这不是真的！那只是你的事情！"

既然我们都有盲点，就需要别人指出来。当人们帮助我们看到我们之前看不到的东西时，我们也就可以做以前做不到的事情：拥抱现实并接受它的馈赠。在那之前，我们仿若失明。为什么？因为我们被自己的谎言蒙蔽了双眼。

无人可独立于人性之外

我们之所以会有心理盲点，是因为我们会用内在防御来蒙蔽自己。人性的所有内容对我们而言当然都不陌生，[5] 但各种内在防御会让我们认为那些感受、想法或愿望是陌生的。

我们能看清别人在用谎言逃避痛苦，却看不到自己也在做同样的事。或者我们假装没有某些情感、冲动或问题。精神病学家哈里·斯塔克·沙利文（Harry Stack Sullivan）说，"我们比其他人更有人性。"[6]

我们有时会否认在别人身上看到的人性。例如，我们可能会说，"富人贪婪"或"穷人懒惰"。每个人都可能贪婪或懒惰，但当我们想象人类的某个特征不存在于我们自身，而存在于我们所评判的其他人身上时，我们会更自在。但我们说的并非事实。

每个人都有可能犯错、否认和说谎，每个人都会因为自己的错误给别人带来痛苦，面对这些现实是痛苦的。于是我们试图用想象力脱离人性的束缚，好像自己高人一等，冷眼旁观，评判他人，批判他们的人性。我们甚至没有意识到自己所批判的也是自己具有人性。

每一种形式的内在防御都在试图束缚我们的内心世界和现实生活。每次我们说自己的悲伤是愚蠢的，欲望是荒谬的，愤怒是丑陋的，我们都是在"捆绑"自己。

我们每接触一个人，就会发现一颗不同的心，一些不同的思想，一种不同的生活，这可能会摧毁我们的幻想家园。对此，我们可以放下自己的幻想，去适应生活。我们也可能会拒绝接受不同的想法，置之不理，甚至想摧毁别人。

一位 40 岁的中年男子因为人际关系问题来咨询，当然他和我之间也有人际关系问题。

当我指出他对我的疏离行为如何反映了他与女性的疏离关系时，他厉声说道："这是一堆废话！"

"你有没有发现自己在对我冷嘲热讽？"

"那又怎样？我不相信你说的每一个字！"

"我可以接受你不同意我的观点。如果我不同意你的观点，你可以接受吗？"

他耸了耸肩，"当然可以。"

"显然，我们有两个观点。你有你的观点，我有我的。

这个房间里有两种不同的观点。这一点你能接受吧？"

"没问题。"

"如果你接受我们的观点不一致，为什么还要对我冷嘲热讽呢？这没必要呀！"

他很惊讶，说："我不知道。我从来没有想过。"

几秒后，他情不自禁地说起他的父亲，一个酗酒、暴虐、专横、冷嘲热讽的人，他的父亲以前经常打骂他。由于他曾被他父亲语言攻击，他也语言攻击我。他那种攻击性语言，貌似一种壁垒，其实是通往他过去痛苦的窗口。他虽然没有把过去的经历用语言告诉我，但他的行为展露了他的过去。

这些人永远无法摆脱曾被父亲虐待的现实。他们长大之后会虐待自己和所爱的人，同时又害怕他们虐待他。成年后，他成为施虐者和受虐者，继续遭受他童年时遭受的痛苦。

无论他对自己和我如何不屑一顾，他的内心世界始终存在，即使他表现得已经不再受过去影响。他的焦虑永远忠实地指向需要他关注的内心世界。

从这个意义上说，来访者都不是自己主动来接受咨询的，而是被焦虑和症状带来的，希望得到疗愈和接纳。

我们想摆脱那个渴望被疗愈的内心世界，然而我们需要做的是接纳和承受我们的现状。大家同为人类，我就是你，你就是我，我们彼此接纳。

因为我们都可能犯错、否认和投射，如果我们接纳之前抗拒并投射在他人身上的自我会怎样呢？当这位中年男子看清了我不是虐待他的人时，他意识到他正在虐待自己和他人。结果，他开始为自己失去的一切感到悲伤，开始直面自己对于父亲的愤怒。接纳自己的内心世界之后，他不再虐待自己和他人，并且敢于再去爱。

我们从别人身上能看到其他想法、思想和信仰，从而知道并非只有我们这一种。我们对世界的印象不包含别人眼中的世界，我们对自己的印象也不全是别人看到的我们。当我们意识到自己对他人的想法反映的是自己的执念而非真实的他们时，我们的执念就消散了。一个活人不能被死想法困住。

那个声称我的观点都是废话的人看到的是他自己的观点而非我本人的。他忘记了我们的反应和想法指向的是更加严重的问题。

当我们认识到认为他人不正常、有问题的想法只是自己的幻想时，我们"独立于人性之外"的幻想也就结束了。在那之前，当我们否认他人身上的自我时，我们会饱受疏离和孤独的困扰。

我付钱，你骗骗我好吗

接纳他人意味着我们首先要面对他人和自己的谎言。如果我们被要求说谎怎么办？一名男性来访者是被朋友强制来做咨询的，他认为自己并不需要。他让我不必为他服务，但咨询费照收，只要告诉他的朋友他正在接受心理咨询就行。

这是一个测试：我作为咨询师会顺着他说谎还是坚持做真正的咨询呢？

他解释说："我只是希望朋友们别来烦我！"

"你的朋友没有来烦你，来烦你的是真相本身，朋友只是指出真相而已。"

"如果他们不絮絮叨叨，我就能忘记那些事情。"

"你可以忘记真相。真相不需要你记得就可以存在，不管你跑多远它都在那里。"

"你看，我会在你的办公室露面，支付咨询费，我就可以告诉他们我正在接受心理咨询。"

"但你并不是接受咨询，你是接受假装咨询。"

"他们不会知道的。"

"但我们会知道。你希望我提供一种虚假咨询，我们俩都知道那不是真的。你以为从我这里买到谎言就能买到现实吗？现实是买不到的。"

他笑道："我不会告诉任何人的。算你帮我。"

"我那样只是在帮你说谎，而不是帮你。如果我向你出卖我的诚信，我就是一个无用的骗子，成为你生命中的又一个骗子。"

"我以前找咨询师做过咨询，他们很乐意收我的钱。"

"如果我按照你的要求收了你的钱，我就是失德者，不值得你信任。你没有理由相信我。"

"你是说我应该去找别的咨询师？"

"也许你能找到愿意帮助你说谎的人，但为什么要花钱让咨询师说谎呢？"

在工作和生活中，我们都可能会遇到说谎的人。但是我们必须诚实地告诉自己他们在说谎，如果我们帮助他们撒谎，我们就是在对自己说谎。

我们希望被疗愈，但是又害怕那些能够疗愈我们的东西：倾诉、感受和面对真相。我们每个人都会说谎，不会因为咨询师指出其中一个谎言就放下内在防御。当咨询师坚持自我，不和我们一起说谎也拒绝无视我们的内在防御时，我们就会放下自己的内在防御。在咨询关系中，我们都必须诚实。

我们不要求说谎者诚实，因为如果那样，就是我们自己在说谎，在抵制他的谎言。说谎者要求我们说谎，是想要确认我们是否值得信赖。当他说谎时，我们必须留意他声音里或我们心中的急切。因为在谎言之下，他之前有可能诚实的呐喊变得越来越弱，最终归于沉寂。

贬　　低

贬低是我们要说的另外一个谎言。一位女士指责我很没用，她认为我说的话很荒谬，咨询毫无价值。她贬低我，也贬低她的好朋友和家人，她疏远了他们，并用孤独终生来惩罚自己。

我们每个人都会被贬低，这和我们自身无关，而是贬低我们的人使用的一种防御手段。别人贬低我们不是我们的错。他们指责我们没有价值，只是想要避免依赖我们的价值。通过贬低别人，他们就可以避免依赖别人。当他们羡慕我们真正的成功时，他们可能会通过否认我们的价值来获得一种想象中的胜利。当这些人无法克制自己的嫉妒心时，他们会贬低我们身上有价值的东西，因为这些是他们身上没有的。[7]

当这位女士说咨询毫无价值时，我问她："你有没有注意到你在贬低我？"

"你是说我必须称赞你？"

"不。你可以贬低我。因为这是你的自由。但只要你贬低我，就意味着你在和一个没用的咨询师打交道，最终得到毫无价值的咨询。"

"这个咨询毫无价值。"

"我很高兴我们达成了共识。只要你贬低我，这种咨询就毫无价值。"

"我没有从这种咨询中得到任何好处。"

"当然。如果你贬低我，你就不会依赖我，你也不会从咨询中得到任何好处。如果这对你有用，你可以继续贬低我，但咨询将以失败告终。"

"我为什么不贬低你？"

"我是你的咨询师，不是你的马桶。"

"如果你的咨询真的毫无价值怎么办？"

"是咨询没有价值还是你对我的贬低没有价值？你可以贬低我，我不能阻止你，但这会让这次咨询成为另外一个以失败告终的咨询。我们只能哀悼你本可以通过咨询拥有的生活。为什么要破坏自己的咨询，为什么要让自己永远生活在痛苦中？"

我们邀请任何人与我们建立亲密关系时，这个邀请都会激起对过去关系的回忆。这位女士曾经受到所爱之人的贬低和伤害，我的帮助激起她一种矛盾的感受，她既想得到我的照顾，又害怕我伤害她。

为了避免像过去一样被贬低，她选择贬低自己面前的人。她演绎着自己的过去："既然我依赖你你就会抛弃我、贬低我，我就先贬低你。"

当人们贬低我们时，我们可能会感到愤怒，正如贬低我们的人曾经感受到的一样。如果我们否认这种愤怒，可能会将原因归咎到自己身上："也许她说得对，是我不够好。"或者我们被她吓倒，屈服于她的贬低，就像这位来访者过去屈服于她母亲对她的贬低。她说："因为我一说话她会生气，如果我保持沉默，她可能会喜欢我。"

西格蒙德·弗洛伊德将理解和阐释这些动态的过程称为"修通"。[8] 因为这个过程中激起的强烈情绪，人际交往分析家建议我们将其称为"亲历"。[9] 在人际关系中，我们经历强烈的感受并学会自己承受。这意味着无论何时，无论是老板、同事还是配偶，当贬低发生的时候，我们就必须面对。

当人们贬低我们时，我们可能会将沉默与善意混淆。但接受贬低是受虐式的屈服。托马斯·阿奎那（Thomas Aquinas）曾说过，我们永远不应屈服于他人，因为这样做相当于纵容他人犯错。[10] 纵容他们不断贬低对他们是有害的；而当我们接受他人的贬低时，由此产生的愤怒、沮丧和绝望也会伤害我们自己。屈从和回击都无济于事。那么我们该怎么做呢？说实话。

贬低并非洞见，而是一种主观地压低别人。我们不是无用的，真正无用的是她的贬低。具有讽刺意味的是，贬低恰恰揭示了我们的价值——贬低我们的人所羡慕的、能从我们这里得到的价值，而后者正是他们无法忍受的。贬低别人会使一个人无缘于任何健康的人际关系，因为它试图破坏任何可能会引发嫉妒的美好的东西。

为了避免破坏任何关系，而不仅仅是眼前的咨询，我们要尽力应对憎恶。[11] 如果一个人愿意，他可以贬低我们。但是我们也可以有自己的选择，我们可以和他分道扬镳，而不是和他生活中的死结纠缠。当我们不再听信他的贬低时，他就会得到一个朋友。或者在这种情况下，他会得到一个他无法"摧毁"但是可以依赖的咨询师。

当别人贬低我们时，我们会设置边界，防止我们之间的关系陷入泥淖。[12] 如果我们认同一个人的贬低，就相当于鼓励她犯错，因为她在毁坏一段关系。我们永远不能屈从于他人的贬低，即使生活或工作需要我们屈从。我们屈从于真理，但不能屈从于谎言，而贬低就是他人对我们说的谎言。

真正的困境是自我质疑

我们有时候会被他人贬低，但更多的时候是我们贬低自己。一位女士对我说："我总是挑自己的错，整天质疑自己。"她的自我质疑是伪装成"更高级思想"的自我憎恨。

"我想去这个工作室，但我不够聪明。"

"或许这是一种自我批评？"

"如果我没有它需要的能力怎么办？"

"或许这一点是自我怀疑？"

"如果我失败了怎么办？"

"今天我们能过明天的日子吗？"

"不能。"

"有没有注意到你总是用对未来的想象折磨自己？你

仿佛在说'我既然现在还能忍受，为什么要去冒险吃那些苦头'。"

她轻笑道："我经常这样做。"

"这种自我怀疑是不是正在惩罚你想要离开现任老板去换一份更好的工作？"

她愧疚地笑了笑。

当我们质疑自己时，就无法坦然地对未来拭目以待。我们提前开始担心，对未来充满恐惧，而不是走进未知探寻自我。

我们举着蜡烛走在人生道路上，想象烛光所及之处就是全世界，然而烛光只能照亮世界的一小部分而已。我们真正的价值不在于拥有光明，而在于驱走黑暗。谁能预知未来？没有人能预知未来。我们的任务是服从未知的自我，接纳未知的自我。

放下自我质疑，我们才能明白，是自我质疑遮住了我们的眼睛，让我们看不到自己真正的潜力；摒弃自我贬低的谎言，内心的感受才能让我们睁开眼睛，活出隐藏在自我质疑之下的真实自我。

煤 气 灯

别人可能会要求我们认同他们的谎言来蒙蔽我们，而我们自己则用错误的信念蒙蔽自己。我们不愿意承认自己永远无法探查另外一个人的内心世界，却声称自己了解他们。这种笃定变成了一个新的盲点。要了解任何人，我们首先要承认我们不了解他们。不了解是了解每个人的前提条件，因为这能让我们对另外一个人持开放态度。如果我们拒绝对他人持开放态度会怎样呢？

一位男士向我描述他上一位咨询师的判断："她告诉我，我之所以不停地眨眼是因为我充满愤怒，这是真的吗？"

"不。那是唬人的读心术。"我回答道。不了解另外一个人的内心世界，就很难和他建立关系，我们必须放下幻想，和他交流。男人继续说道："当她告诉我一些关于我自己的负面信息而我不认同时，她就说这证明我在抗拒；如果我同意一个我其实不认同的说法，就能得到她的认可，感觉就像'第22条军规'。"

"是的。"我回答。

有的人将分歧解释为抗拒，这样就可以胁迫对方屈服，并称之为"合作"。任何事实都可能被扭曲用以说服人们我们的投射是真实的。这种现象因那部著名的影片[13]而得名"煤气灯",在电影《煤气灯》里,一位丈夫通过隐瞒和歪曲事实,成功地让妻子相信她真的快疯了。那些试图支配和控制他人的人并没有帮助对方找到自己的语言,而是将自己的语言灌输给对方——声称那是"听"腹语。他们没有探索对方内心的冲突,而是告诉他应该怎么做。当他们感到不舒服的时候,往往会指责对方"让"他们感受到不想感受的东西。一位咨询师对他的督导师说:"这位来访者让我感到困惑。"督导师回答说:"不,亲爱的。恐怕是你使自己困惑了。"

我们将自己的感受归咎于他人,而没有真正去探究我们自己的感受。如果我们不探究自己的感受,就容易把它们归因于他人。我们往往将那个人和我们的想法画等号:"你不停地眨眼意味着你内心充满愤怒。"与我们产生关联的不是对面的那个人,而是我们头脑中的一个想法。

我们不应强迫他人符合我们的意愿,而应该更乐于接纳,让正在发生的事情推动我们的想法去符合真相。

我的一个学生谈起她的一个来访者的情况，并问我："她接下来会做什么？"我说："我不知道。当咨询师预测来访者会做什么时，我们会避免面对自己不知道的事情。我们的工作就是面对未知，对不可预知的问题保持开放的态度。如果我们不够开放，就会去预测，而'预测'只不过是咨询师对来访者进行心理投射的托词。"

我们试图预测未来，而不是在生活中自然地走向未来并真正了解他人。我们试图通过预测未来控制对于未知世界的焦虑。

一位男士在酒吧遇到一个女人，问她要了电话号码。后来他打电话给她，女人态度冷漠，不愿意和他约会。我问他对此有什么感受，他说："我对她有强烈的渴望。我知道她会爱我的。"当然，这不是"认知"，而是他的执念。他不爱她，只是希望她成为自己喜欢的样子。仿佛他的愿望大到可以幻假成真。他一直给她打电话，直到她屏蔽了他的号码。他极力想要控制她，以免感受到自己的愤怒和悲伤："我被拒绝了。"控制她意味着他在与她的态度争战。后来他放弃了对她"应该"如何的想法，不再试图控制她、控制生活，他开始坦然面对那个女人的拒绝、自己的失落和愤怒，接受真实的生活。之前，他以为自己可以拒绝失落，改写现实。后来，他把失落和愤怒都发泄了出来，不再渴望没有发生的事情，而是开始接受正在发生的事情。

我们有时可能会与生活抗争，而不是坦然面对生活。有的咨询师不是对来访者持开放心态，而是告诉来访者他们"无助、可怜、残缺"或"病入膏肓"，这些话语是伪装成解释的心理投射，是有毒的废物。

我本人也曾有过破坏性的行为，作为过来人和你谈论这些，并不是想指出你的问题，而是想指出我们共同的人性。当我们把问题投射在别人身上时，我们是想通过控制别人来摆脱自己的内在危机。而且我们忘记了，自己批判别人身上的东西恰恰是在嫌弃自己身上的那种东西。

那位男士爱上那个女人，而那个女人拒绝了他，他认为那个女人应该爱他，应该依照他的意愿而不是她本人的意愿。他拒绝了她的意愿，却怨恨她拒绝了自己；他认为她没有给他机会，事实上是他没有给她机会。他需要接受她本人而不是"她必须爱他"的愿望。他想象中的她是那么合意，当他拒绝接受她的本来面目时，他觉得她已经拒绝了自己。

只有我们不再要求他人符合我们的理想，我们才能真实地对待他们和自己，并停止和生活抗争。在"煤气灯"下，我们试图改变现实或让别人看不到它，这样我们就可以生活在我们的愿望之井中。在生活中，我们接受他人的样子，而不是我们希望他们成为的样子。在那之前，我们抗拒生活，却以为生活抗拒了我们。

我的爱能融化他的防御吗

如果爱能融化防御，那就没有人会竖起防御了。心理学家布鲁诺·贝特尔海姆（Bruno Bettelheim）[14]和亚伦·贝克（Aaron Beck）[15]等人都说过："爱是不够的。"为什么这种迷思一直存在？因为这是我们的童年策略——"如果我爱爸爸妈妈，他们就会爱我。"

爱是强大的，但门必须敞开，爱才能进屋。当一个人竖起防御的时候，没有人能走进他的内心。孩子认为因为自己做得不好，父母的心门才对他关闭了，因此他责怪自己，认为自己必须做个好孩子，更加有爱心，这样父母的心门才会对他敞开。

我们依然珍惜那个心愿，希望自己善良，别人也会善良；如果我们很好，他们就会很好；如果我们爱他们，他们就会爱我们。爱能让事实消失吗？

甚至在心理咨询中也会有这种幻想。一家心理咨询网站询问潜在来访者："如果你有一个知道如何爱你并指导你度过人生不同阶段的父亲，你的生活会是什么样子？你的心会对爱更开放吗？成年后自己成为父亲，对于没有父亲的人来说可能是一种滋养。"多么可爱的童话故事——咨询师让你重获父爱，你过去的缺失会被神奇地填平。

谁不希望现在的爱可以抚平过去的痛苦？我们希望爱能变魔术，面对来访者巨大的痛苦，咨询师也会有同样的希望。多年前，一位心理咨询师让来访者假装回到婴儿时期，他像父亲那样照顾"婴儿"。他试图重新"养育"他们以弥补来访者缺失的父爱。

但，失去就是失去。重现父爱、母爱和亲子关系，试图用现在的幻想去填补过去的缺失并不能起到疗愈作用。

我们无法抹去过去，只能创造一个更好的现在，接受失去就是生活的一部分。

虽然我们希望可以用爱抹去过去的痛苦，但我们必须面对那种痛苦才能真正得到疗愈。疗愈不能代替我们失去的东西，但它可以帮我们放下爱的障碍。然后我们就可以哀悼那些过去不可能重来的东西，创造新的可能。

用爱融化防御是不可能的。爱不是水，防御不是冰。试图用爱融化防御就像我们想点燃火堆，对方却在向火堆泼水。在这种盲目的爱中，我们看不到完整的人，只能看到我们想要的部分。

我们不是接受事实（例如"他拒绝我"），而是对自己想要的品质心存信念，并且不在意我们遇到的人。这不是勇敢果断，而是对人的仇恨。我们试图变得无所不能而超越现实："你拒绝了我，我会让你爱上我的。"试图强迫任何人爱我们都不是爱，而是暴力。如果我们对遇到的人，不符合自己的意愿就想毁灭他，符合自己的意愿才爱他，我们其实并不爱这个人，只是喜欢他变成我们想象中的样子。

我们希望爱足以疗愈他人，但如果用防御关闭了大门，爱就无法进入。如果我们的心没有敞开，那就必须敞开；如果别人的心门是关着的，我们要走向其他敞开的门，那样我们的爱才能最终走进心门之内。

第四章
FOUR

打破幻象，直面真相

你在逃避什么

为了活在真相中，我们必须打破幻想，停止要求别人欣赏和支持我们虚假的自我形象。

　　咨询师和来访者经常为虚假的自我哀悼。这种虚假的自我形象是我们对自己的想象，同时也要求他人维护自己这种形象。当我们为自我形象的消亡而悲伤时，我们的否认就会消失，幻想也会消失。这时我们就会开始认识哪个是真正的自我，哪个是一直都藏在谎言之下的自我。

　　我们放下谎言之后，就会对真相更加开放，而且我们还会用一种开放的心态体验自我。当我们敞开心扉时，我们的视觉、听觉和感觉都随之改变，横亘在我们和现实之间的壁垒就会消融。

爱与幻象的破灭

为了让爱走进我们心里，我们不能再躲在假象之下。或者我们也想活得真实，但苦于被自我形象所束缚。如果别人只看到我们的外表，而看不到我们的心，他们怎么会爱我们呢？

所谓的"我"或身份是我们呈现的形象，是我们竭力维护也要求别人维护的形象。我们沉迷于保护自尊，希望别人对我们表示同情或赞美，避免让别人看到真实的我们，当他们看到真实的我们时，灾难就发生了：我们的谎言、自我形象和身份都消失了。放弃尊贵的身份可能是痛苦的。一位建筑师走进我的办公室，她被员工起诉有攻击性和歧视倾向。她气愤不已，认为自己受到了诬陷。她的丈夫试图让她平静下来，提醒说她和员工交流时过于强势甚至刻薄。她呵斥了他。

"我看到你对丈夫的评价不太认同。"我说。

她厉声道："是的，他也反对我。"

"这有什么证据？"

"他一直站在他们一边。"

"他说你可能说话太过强硬了，在你看来，确实如此吗？"

"是的，但那是他们应得的。"

"好的。如果你说话确实太强硬，那么他是对你本人不满还是对你说话强硬的习惯不满？"

"哦。"

"你是对的，这个习惯对你不利。既然你丈夫现在不在咨询室，你的说话习惯是否比他更伤害你自己？"

"你是说我是一个充满敌意的人？"

"不。我只是在想你的说话习惯是否对你不利，是否损害了你对于成功的渴望？"

"我想你是对的，但我觉得你在批判我。"

"就好像有一个人让你在他面前袒露心声，然后用你对他说出的话来批判和谴责你。"

"就是那种感觉。"

"我们之间出现了批判者的形象。你带着批判者形象而我没有。"当她在椅子上放松下来时，我继续说道："那些害怕我会批判他们的人，往往会因为过度的自我批判感到痛苦。你是这样吗？"

"是的，自从知道被起诉之后，我就一直恨自己。"

"你希望我帮助你克服这种自我批判的模式，这样你就可以不再害怕，就可以冷静下来处理这些问题了，对吗？"

她渴望被赞美，但她内心深处的不安全感使她像批评自己一样批评别人。随着这些攻击性语言的升级，她的自我反思越来越少，自我攻击越来越多，直到诉讼对她的自尊造成致命打击。她需要承受自己"完美女人"形象的坍塌，直面自己的行为并承担后果。她对丈夫和公司感到愤怒，认为他们不支持她。

事实上，他们支持她，只是不支持她的谎言，也就是她"完美女人"的自我形象。当我们失去自我形象时，我们往往会去尝试恢复它并要求其他人也这么做。我们对自己说谎，要求别人也说谎，但是生活的旋涡并不理睬我们的否认、想法和愤怒。

她的丈夫努力不让她毁掉自己的职业，这是爱她的举动，然而他的爱无法走进她的心里，除非她放下"完美女人"的自我形象。她要停止否认现实，才能看到真正的自己。然而，人们往往不肯接受真实的自我，而执迷于虚假的自我形象，不再对当下（这恰恰是生活的馈赠）敞开心扉。

这位建筑师后来问我："我必须接受你和他们说的话吗？"

"不。你可以拒绝我们说的，看看它是否有效。你甚至不需要刻意接近或远离现实，因为我们就处在现实之中。你需要做的是看到事实，而不是拒绝和操纵它，或者要让它符合你最喜欢的想法。"

与真相的交流改变着我们。过去对于他人奏效的答案可能现在不再适用。我们必须放弃旧的答案，去经历我们正在回避的事情。当这位建筑师倾听丈夫、员工和自己的意见后，她明白了自己并不是她假装的那个形象。有一天，当她意识到自己的言语是多么伤人时，她哭了，她不再愤愤不平，反而感到内疚，她不再和她的人性割裂。"我认为我比那更好。"她说。

当我们接纳自己的痛苦时，疗愈的过程对我们而言相当于一种减法，让我们放下已知（我们虚假的自我形象），走进未知（我们假想之外的东西）。当这位女士放下"完美女人"的虚假自我时，她接纳了自己——不完美但可以爱和包容。当她满怀爱意时，全新的她出现了。

当我们放下给自己设定的这些身份，我们之间想象的面纱就消失了。我们对爱的畏惧或许是有道理的，因为爱会让我们卸下伪装。当我们放下伪装，可以尽情悲伤的时候，我们就好像把自我形象沉入无言的眼泪中。

开放并关注他人

如果我们不关注他人，而只是在自己的思想里打转儿，我们会从对话中游离，更谈不上西蒙娜·薇依建议的"专注是一种祈祷"。[1]

为什么需要专注？注意力在心理疗愈中发挥什么作用？

我们需要关注他人的成见，以打破我们自己的成见。伟大的诗人歌德说："人只是由于认识了世界，才认识了自己；他只在世界中看到自己，也只在自身中看到世界。每一个清晰可见的新事物都会唤起我们新的感知器官。"[2]

每放下一个谎言，我们就更加接近真实。心理咨询师会打破我们的防御——思维习惯、说话习惯、惯用预测，这是我们在自己和所爱之人之间筑起的壁垒，这些壁垒被打碎之后，我们才能够倾听，才能够对他人而非我们对他人的成见保持开放的态度。我们永远不应该觉得自己"定型了、完整了或理解了"，而应该认为自己"正在改进、成长而且在很多方面尚未确定"。[3]重点不在于和我们抗拒的对象形成对比，而要对我们之前所抗拒的人持开放的态度。

改 变 我

我们往往不是以开放的态度对生活以求改变自己，而是要求生活自己改变来接纳我们。一位女士对她的孩子大喊：

"别这样了！"一名大学生因未能按时完成学业被教授除名后，怒气冲冲地威胁教授："我要起诉你！"当生活不能如我们所愿时，我们往往会要求别人来改变我们。这种情况在咨询中时有发生。

一位 CEO 对她的咨询师咆哮："我不想要这种感觉。施展你的魔法！"好像咨询师是应该满足她一切需求的奴隶。有时候，我们希望咨询师像小精灵一样在我们身上撒些"精灵粉"就可以消除我们的痛苦。咨询师也希望自己是拿着魔杖的巫师。谁不想魔杖一挥就能改变他人，消除他们的痛苦呢？

魔法师可以在不和你产生关联的情况下改变你。他不动声色，就能让魔法出现。你们之间存在一个本可以建立关系的空白，在这个空白里，他的存不会改变你，你的存在也不会改变他。

魔法与爱情形成了如此鲜明的对比！爱是危险的，它让我们向他人敞开心扉，消除我们的幻想，调动我们的潜力。我们可以让现实和感觉左右自己吗？

为了避免这种风险，我们要求他人改变或要求他们来改变我们，以阻止我们内心已经发生的变化。当我们说"我讨厌现在的样子"或"请为我改变"之类的话时，就像在做永久性的家居装修一样修缮自己。这种所谓的自我完善就好像折磨人的旋转木马，假如我们把自己和所爱之人从旋转木马上带走，会发生什么？

那位大吼大叫的 CEO 要求心理咨询师"施展你的魔法"，恰恰揭示了她的问题。当她试图操控他人和生活的时候，她其实希望自己成为被操控的对象。"把我当作一个物品，不要把我当人，教会我控制其他人，这样我就不必非得和他们交流。"人并非任由我们随意处置或使用的物品，而是我们可以从中汲水的泉，是我们值得珍视的礼物和探寻的奥秘。

虽不理想但真实

寻求心理咨询往往是为了减轻痛苦或更好地了解自己。我们不愿承受经历带来的痛苦，转而希望通过咨询、药物或冥想改变经历，甚至希望通过这些措施将自己改造成另外一个人。

一位商人在苛刻、挑剔的父亲手下忍受了很多痛苦，父亲总能在他身上找到不如意的地方，觉得他不够好、不够聪明、不够成功。咨询结束的时候，他说："咨询没有让我失望。"

"那是自然。"我说。

他笑了笑，说："我以为咨询会让我失望。"

"咨询如何令人失望？"

"我不知道。我曾经希望我们像电视或电影里看到的那样，经历深刻的情感体验，一幕一幕回忆童年，用童年的经历解释一切。"

"我也看过那些电影，但我们没有经历过，不是吗？深深的感情涌上心头，却没有新的记忆。"

"也许我对心理咨询期望太高了。"

我没有指出他像他父亲一样，想要一个超级咨询师，把自己变成另外一个样子，而是说："虽然你期待这次咨询产生非凡的效果，但是这终究是一种普通的疗愈方法。"

他轻笑。

"和这样一个普通咨询师在一起，你有什么感觉？"

他笑了。"我对人们期望很高，所以很失望。"

"我保证在这里失望是家常便饭。"

他笑了，说道："也许我可以借用你这句话，这样就可以容忍别人对我失望了。"

"你居然也是个天生会让人失望的人！我不知道你有这样的天赋。"我开玩笑说。

"我想这是难以避免的，不是吗？"

"期望是无限的，唯一可以保证的就是失望。"

"我一直在努力避免这种情况。"

"你试图让所有人都满意，让自己筋疲力尽，又怨恨他们，想要罢工。"

他一生都在努力避免冲突，努力成为他认为人们希望他成为的人。虽然他们可能喜欢他所呈现的形象，但是他们没办法爱他，因为他们未曾见过他真实的样子。

他希望父亲爱真正的他，但是父亲只爱自己脑海中的理想儿子，因此这位富商认为自己应该成为父亲理想中的儿子，而不是坚持做自己，因此他试图消除真正的自己和父亲理想儿子之间的差距。他认为自己是有缺憾的，因为他没有成为父亲心目中的完美儿子。事实上，他父亲对完美的信仰本身就是缺憾。

"如果你真的有缺憾，那缺憾就是你不应该是理想的，而是真实的。"

和理想相比，我们永远不够完美，我们不能逃离真实的自我。这位来访者在成长过程中，相信他应该逃离真实的自我，成为一个不同的人，作为理想的儿子实现父亲的期待。他开始接受心理咨询时，甚至希望取悦我，成为一名理想的来访者。而我必须帮助他成为他自己，而不是我或其他任何人理想中的他。

我们活在这个世界上，并非要成为绕着别人转的"卫星"。即使我们按照别人的希望围绕他的自我旋转，假装自己是他，我们也永远不会成为他。这位来访者的父亲所爱的"儿子"只是他脑海中理想、完美但是从未存在过的儿子形象。我们对于生活的幻想只是我们根据自己的想象杜撰的故事，而现实生活并不会因为我们的否认而改变。

这位商人需要接受他的经历，成为真实的自己，而不是一直怀有一个幻想。经过咨询，他意识到自己只是一个真实的人，和理想形象相比，难免令人失望。因为人性是无法通过治疗而改变的。

这位来访者试图爱他父亲的理想"儿子"而憎恨真实的自己。但是没有人能成为理想的样子。要满怀爱意接纳我们不完美的人性。透过完美主义的镜片看人性，人性确实是不完美的；把完美主义的镜片取走，我们就可以坦然接纳自己、他人和一切"不完美"的东西。

疗愈与回到当下

说到坦然面对，人们常说要"活在当下"。然而，不在当下，我们还能在哪里呢？即使迷失在白日梦里，也是迷失在当下。我们探究的是自己的故事，而不是当下如何。

威尔弗雷德·比昂（Wilfred Bion）说，心理疗愈是一种有信念的行动，也就是相信可以通过将自己当下的感受和真相融为一体而改变。[4] 我们现在的样子就是自己一直寻觅的真实的自己，我们无须回到当下，我们所有的感觉、恐惧和回避行为都是我们存在的方式，我们不需要与众不同，只需要接纳真实的自己。

有一位来访者，因为无法对妻子的自尽释怀来向我求助。

我问他："有什么需要我帮忙的吗？"

他回答说："我没办法找到自我了。"

"好像恰恰相反，只是你看到的自我充满悲伤和失落，总是想起妻子临终的样子。正因为你找到了你真实的自我，才希望将其避开。谁愿意看到这样的情形呢？"

"我不敢相信她会这样做。"

"你没办法相信她自尽了。"

"她总是出现在我的脑海中，我们结婚 15 年了，一直非常幸福，我现在对她有些生气。"

"当然。你生她的气，因为她抛弃了你和儿子。而对一个你爱的女人生气又让你痛苦。"

"我不知道我还能活多久，我看不到生活的意义。"

"你的生活很有意义，但它很痛苦，所以你想和她一样终结痛苦。"

他说的每一句话都为我们指明了方向。我们所需要的一切都存在于每一刻。他的焦虑正是他需要接纳的真实感受，而接纳这种感受就是疗愈的开始。

谁愿意接受失去亲人？谁愿意对自尽的妻子生气？当我们失去心爱的人时，必然会遭受巨大的打击，然而生活总是悄声说："你能接受自己的经历吗？"

当这位来访者的妻子离他而去时，他对她的理想化形象、他对于自己的纯洁形象和两人未来在一起的形象都破灭了。而这种幻灭之后，他才会"重生"。

来 去 自 由

接纳自己的感受、想法和梦想很难，但如果咨询师能和我们一起接纳它们，可能就没那么难了。接纳自己的内心世界意味着接纳一切，有容易接受的部分，例如爱、快乐和幸福，也有难以接受的部分，例如反感和抗拒。

一位来访者懒散地坐在椅子上，描述了他想通过咨询达到的目标。当我问他是否愿意为这个目标而努力时，他盯着天花板嘀咕着。

"嗯，从某种意义上说，我不想。我不确定自己是否愿意承担或花很多时间处理我遇到的其他所有问题。"

我接纳了他的不情愿，继续说："你不确定你想投入到什么程度。"

"是的。"

"我很欣赏你这么坦率。你可以随心所欲，选择投入或不投入。"

"我想确认一下过去的一些问题可能会经过好几年咨询才能得到解决。我想自己很难确保在咨询上花那么多时间，但是我想确认，通过咨询一定能切实解决问题，让我摆脱困境。"

他误以为问题在于他是否应该接受咨询。我回答说："因为我们要齐心协力才能解决问题，所以我们要知道你自己的决心有多大。"

他抬头看着天花板，微笑着说："取决于我自己的决心，这真有趣。"

"你觉得值吗？"

他轻笑着再次抬头看向天花板，顿了顿说："嗯，我当然觉得值。"

"你说这话时是什么感受？"

他笑了笑说："这好像在做一种交易。"

"当你说自己觉得值的时候，内心是怎么想的？"

"我的其中一部分说我应该马上说'是的，我值得'。"

"当你说自己值得时，你感觉如何？"

"感到矛盾，不确定自己是否愿意花费时间、精力去做这件事情。"

由于他仍然错误地想知道自己是否要做心理咨询，我解释说："一个问题是，你想对自己做出承诺吗？如果你对自己的承诺非常矛盾，那就好比一只脚在门里，一只脚在门外。"

"是的，这确实很有道理。"

"你对自己的承诺和你想要的结果很矛盾。"

他移开视线，回答说："我不知道这是不是同一回事。但是自我纠正从未停止过。"

我们经常纠正自己的想法和说辞，以迎合他人和自己理想的自我形象。可悲的是，正是因为自我纠正，我们变得不再开放，不再倾听自己内心的声音。

"你值得被倾听吗？"

"也许吧，这挺有趣的。我自己可能不这么想。我想自己在表达观点和想法方面缺乏信心。"

"你不确定自己是否愿意自我承诺，不确定是想自我纠正还是倾听，以及是否去做自己想做的事情。"

"是的。"

他仍然没有做出自我承诺，于是我问："你愿意在多大程度上克制自己？"

他叹了口气。"我说不好，我很难把自己想要的一切都放下。我想，问题是如何做到既对别人坦诚相待，又不破坏自己认为重要的东西。"他的眼睛里含着泪。

"你对于诚实的感觉，以及诚实有可能对他人造成影响的畏惧，是值得注意的信号。在咨询过程中，我们要尽可能地坦诚，如果你担心我因此受到伤害，这就是一个值得注意的问题。"

"不，不是那样，"他停顿了一下说，"我只是想既能真诚，又能更加自信。这和其他人的想法和感受有什么关系？"

"你希望对自己更有信心吗？"

他叹了口气，移开视线："当然。"

"自我怀疑会妨碍你变自信吗？"

"会。"

"我猜你是自愿到这里来的，不是被别人拖到这里来的，对吗？"

"对。"

"你是自愿到这里来的。然而，一旦你说自己想要做出承诺，尽快找到自己问题的根源从而实现目标，你就会怀疑自己想要什么？"

"是的。"

"你在和自己斗争，不知道应该听从自己还是听从这些怀疑。"

"我不大确定问题是什么，很难知道我正在经历的那种冲动是不是真实的。"

针对他的困惑，我首先帮助他从自我怀疑中走出来，"你怀疑自己太久了，不知道哪个才是真实的自己，是那个怀疑者还是被怀疑者。"

"那是一个可怕的想法。"

"你对此有什么感觉？"

他笑着摇了摇头。"我不知道。"

"慢慢来。这会激起很多情绪。"

"这很有趣。我和那些有足够自我意识和同理心的人交谈过，也知道自己的问题所在，这对我来说并不是一个大揭秘。可我想知道我的真实身份到底是什么？我真正想要的到底是什么？"

"如果你不认可我，我无权要求你。"

"不，我并不怀疑咨询的效用。"

"你的内心正在斗争，既想对自己做出承诺，又犹豫是否要这么做。这就像我们两个人在决定是否要合力帮助你解决问题。"

他笑了，"正是这样。我在想，'这可能是一个漫长的疗愈过程'。"

我说："如果你怀疑自我承诺的作用，继续拖延着不做这件事情，疗愈过程可能会更长，20 年、30 年、40 年都有可能，"他笑了笑，我继续说，"如果你可能会做某件事情导致疗愈过程发生不必要的延长，我们应该想办法避免它发生。"

如果咨询师并不要求来访者做出改变，而是尊重他们的内在防御，爱就会推门而入。咨询师可以向来访者指出其内在防御及它可能付出的代价，但是无法消除这种防御。只要来访者愿意，就能筑起防御的高墙，所以有些人接受多年心理咨询都没有任何改变。

咨询师之所以无条件地接受这种防御，是因为他知道必须面对事实才能让咨询奏效。咨询师完全接受来访者的抗拒情绪反而会让来访者质疑自己的抗拒。当来访者抗拒咨询师时，咨询师仍要以积极的态度接受来访者的抗拒而非要求来访者接受他。这个时候，来访者反而有可能体验到发自内心地渴望改变。

这位男士不想在心理咨询和自我成长上花费时间和精力，认为自己是在避免掉进长期咨询的陷阱。事实上，他正在陷入自我怀疑的陷阱，并试图通过自我怀疑来摆脱自己的感受。这个目标是不可能实现的，因为我们永远无法摆脱现实。

我们将来仍会感受到焦虑、悲伤、愤怒、羞耻、爱和喜悦，内心也难免会有乌云蔽日，自我怀疑并不能使我们摆脱这些感受，而只有在它出现时接纳它才能让我们释然。

通过承受这些感受变化，我们的意识会将我们从这些感受带向产生这些感受的东西上。我们会发现自己是一片虚空，从这片虚空中生起了情感；我们是一片寂静，从这片寂静中生起了喧嚣；我们是一片天空，云朵从天空掠过。

我们想靠内在防御摆脱自己的感受，因此过着"逃亡"般的生活。[5] 我们想逃避冲突和情感，而这种逃避是无效的；我们想在幻想中找到自由，但这是不可能的。这位来访者被自我怀疑"囚禁"着，仿佛一名孤独的旁观者，只是坐在生命之河的岸边，从不下水畅游。

可是，我们当然有去爱和接纳现实的自由。当我们不再逃避现实，而是接纳现实的时候，我们就会找到自己一直寻找的自由。

我们为何不肯倾听

我们往往以为倾听很简单，实际上很难。因为倾听意味着要对另外一个观点持开放的态度，这可能会改变我们对自己、对他人甚至对世界的看法。为了避免被倾听改变，我们会采取"伪倾听"，试图通过和别人争论改变他们。如果倾听改变了我们自己又会怎样呢？著名哲学家海德格尔（Heidegger）提出，我们之所以感到痛苦，是因为我们忘记了如何倾听他人或自己。[6]他指出，忘记如何倾听，相当于忘掉了自己的本质。

一位女性来访者无法听自己说话。她开始说话时，语无伦次，思绪纷乱，双脚颤动。

"你语速很快，"我说，"你也注意到了吗？"

"我没有注意到这一点，但我想谈谈别的事情。"她说。

"说话太快是焦虑的表现，你现在是什么感觉？你的身体感到紧张吗？"

"是的，但是我想告诉你另外一件事情。"

"当然。但是你没注意到自己在无视焦虑，而且想让我也对你的焦虑视而不见，对吗？"我看到她眼里闪着泪光。

我接着问她："你听了这些话之后是什么感受？"她抽泣起来。

她听着脑海里嘈杂的声音，却忽略了自己身体的焦虑不安，也忽略了自己的感受。虽然她不是故意这样做的，但实际上她在用自己的喋喋不休令我分心，以免看到真实的她。

我们还可能会拒绝倾听自己或他人说话。另外一位女士描述了自己和丈夫的冲突。丈夫抱怨她自说自话，从来不听他说话。

"我为什么还要听他说？我知道他会说什么。"她说。

她并不知道他会说什么，只是以为自己知道。我们甚至都不知道自己会说什么。我们会说什么话，只有在说出来的时候才知道，所以我们需要倾听。即使所爱的人看似在重复他自己说过的话，实际上他们重复的是自己说过而我们没有留意听的话。这恰恰证明了他们相信我们愿意倾听。

这位女士听从了她自己的成见，总是试图说服自己的丈夫。同时，丈夫说她没有在听自己说话，事实上确实如此。当她感觉到自己的思想投射在丈夫身上时，她才会"听到"自己耳朵听见的话语。因此，她一直对丈夫说："看，我说得没错吧！"这样，她反而认为丈夫的心是封闭的。事实上，是她封闭了自己的思想，只和自己的想法交流而没有和丈夫交流。如果我们的想法并非洞察而恰恰是洞察的障碍呢？

一位心理咨询师提供了这样一个故事。她坚定地认为她的一位来访者受到了严重的干扰。我觉得并没有证据能证明这种干扰确实存在，但这位咨询师坚持自己的观点，继续为这种观点奋战。她像猛禽一样盘旋着，朝着她认为可以作为证据的事实猛扑过去。她和那位来访者争论，试图支配他，让他屈服于自己的投射："看！你就是这样的人。"对她来说，那位来访者所说的话就是她要反驳的想法，倾听反而成了她的心理"打靶"练习。

在倾听之前，我们必须认识到眼前的人是值得被倾听的，只有不试图排斥、辩论或支配对方，我们才能够接受别人有别人的观点这样一个事实。我们常常只看到自己的观点，却认为自己看到的是全貌。

一位禅师在寺庙里修建了一座花园来阐明这个观点。当人们从寺庙的骑楼上看花园中摆放的 15 块岩石时，无论从什么角度都只能看到 14 块，如果想要看到第 15 块岩石，就必须挪动脚步，但是挪动之后就看不到那 14 块岩石中的一块了。通过移动脚步，我们了解到无论如何我们都难以从某个角度一览全貌。

当我们敞开心扉接受另外一个人的观点时，对话或许会将我们带入另外一个误区——试图通过倾听了解一个人。事实上，我们很难做到这一点，我们甚至不可能完全了解自己。

当一个人说"我完全了解你的想法"时，他看到的只是他自己的投射，而非你本人。他把你看成了他对你的想法，而你本人对他而言永远是未知的。

当我们承认了自己的知识和观点具有局限性时，我们的倾听就变成了一种放弃，放弃我们"已经知道或未来可以完全了解另外一个人"的想法。我们对于他人的想法在脑海中显现为幻象、精致的创作和美丽而虚妄的现实替代品，而一旦我们意识到这些只是幻象，就会对另外一个人持开放态度。

在夏天开车时，我们会有一种错觉，看到前方的道路上水光闪闪，随着车子靠近，"水"就会褪去。驶向千变万化的风景的体验就像爱情，幻象反复出现又消失，让我们体验到深爱之人内心深处的"不断后退的地平线"。

眼睛会产生视觉幻象，而头脑则会产生情绪幻觉。我们在内心世界看到的不是真人，而是自己对他们的先入之见。而先入之见是对内在防御的一种委婉说法。

内在防御是我们扭曲、过滤、阻止和解释世界的方式，催生了一种我们自以为"真相"的无知模式。内在防御在童年时期是一种适应性的反应。一旦我们把内在防御用在其他关系中时，它会带来痛苦。例如，如果我为考试不及格找借口，则会将借口误认为事实而忽视自己学习不够勤奋的真相。假如我对妻子很粗鲁，而她反抗这一点，我有可能觉得妻子"太敏感"。我看到的是我的成见，而不是自己的粗鲁。

我们对事实视而不见，事实却会将我们围困，屡屡被没有看到的事实绊倒。"为什么没有通过考试？""为什么妻子又生气了？她太敏感了！"内在防御把我们的目光从真相上移开，导致我们看到不真实的东西，也就是思想创造的幻象。而要看到真实，必须消除错误的观念。

我们不肯面对现实，而且要求别人同意我们的观点，以避免面对与我们的信念相矛盾的事实。我们认为，"如果足够多的人和我有一样的想法，我的想法就大获全胜了。"我们为定论而战，但这毫无意义。

别人不同意我们的观点，我们往往倾向于争论而不是倾听。"不要用事实来混淆我！我有个正确的假设！"我们以为自己倾听的时候，往往带着预期、批判和评价，将所听和所信相比较。唯有放弃预期、批判和比较时，我们才能开始真正的倾听。

消 极 能 力

对于很多问题，我们没有答案，就这么度过了一生。我们将会成为什么人？其他人在想什么？有什么感受？对于未知的恐惧让我们用错误的假设填补认知空白，这种认知就是投射。

诗人济慈（Keats）提到过消极能力，也就是不急于对未知事物得出结论的能力。"未知"是一口井，我们从中汲取所有的认知。这一点在婚姻中体现得最为明显。

在咨询中，一位男子对妻子发表了贬损的见解。我问："你对妻子的评价有些是编造的吧？"

他吓了一跳，笑了起来，意识到了这一点，"我经常这样做。"他在妻子身上投射太多，导致他看到的并非她本人，而是他自己的投射。

我们只能通过推测了解他人。因为理论上他们是不可知的。我们在爱人身上的投射并不能照亮他们未知的内心世界。然而，就像古代最早的地图绘制者在新世界的地图上填满神话里的山、根本不存在的城市和传说中的地形一样，我们在幻象中用虚构的想法代表他人未知的内心世界。

当我们试图理解别人时，承认"我不知道"很难，而用幻想来填补未知却轻而易举。因为幻想是我们自己的，它看起来是那么真实。"我感觉到的一定是真实的"，我们想。

我们生活在未知的世界里。我们是未知的，未来和股市也是未知的。我们无法忍受股市的未知时，往往会向非理性的乐观主义者和悲观主义者求助，也就是"多头"和"空头"。它们向我们兜售恐惧和贪婪的故事，兜售各种幻觉。这些自相矛盾的幻觉反映的是我们对于未知的难以容忍。当我们难以容忍、无法理解另外一个人时，我们就会对其做出假设。

一位女士总是感觉自己被别人欺负了。她说："我得告诉你，我不喜欢你说的话。你一定是生我的气了。你看起来很有同理心，但事实上你没有。我早该知道你和其他人没什么两样。"

对于她的控诉，我有不同的意见。她不能理解我为什么不同意她的看法，由于无法理解，她觉得我想伤害她。她用这个故事（版本略有不同）来解释她的每一段关系。她总是把善归于自己，把恶归于他人。我们可以将其称为她的无知模式，这种无知是通过忽略对他人的未知，并用敌意填补这种认知空白造成的。一旦她忽略了自己不知道我的动机这个事实，她就会采取第二步，用假设填补未知。只要她继续怀有自己的成见和认知障碍，她就永远"看不见"我。

这位女士并没有通过生活和感受来学习，而是试图通过伪思考来避免体验。[7]

她的问题在于她"知道"的东西。她需要舍弃自己的假设，这些假设里充斥着谎言，她把生活和她所爱的人以及她的咨询师，都掩盖在假设之下。如果她不肯直面自己并不了解我这个事实，就只能在自己的幻想中假设我是怎样的人。然后她就会感觉自己被扭曲变形的幻觉困住了，这种幻觉只会让她恐惧。

我们常常会通过投射避免产生某种感受，有可能也会投射在咨询师身上，这样他们就可以游戏式地承载并分析我们的问题。咨询师往往需要具备这种"消极能力"，也就是和未知共处的能力。有一天，一位有精神分裂症状的来访者走进我的办公室说："乔恩，我已经搞清楚了你的症结。"

"哦，真的吗？"我说："那是什么？"

"你对女性有无法控制的痴迷。"他笑着说。

"哦，天啊！你是怎么发现的？我的心理督导师都没发现这一点。"

他笑着说："哦，这很明显。"

"哇！太尴尬了，我以为隐藏得很好。你觉得我的情况还有希望吗？"

"有希望，但需要大量的心理咨询。"

我请他帮我分析"病因"："你觉得病因是什么？"

"你小时候没有得到足够的母乳喂养。"

"你觉得这是我痴迷女性的原因吗？"

他分析我的"病情"长达 20 分钟，直到他说："好吧，关于你的事情已经探讨够了，我想谈点儿别的。"

"好吧，如果你坚持的话。你想说什么？"

"我和女人说话有障碍。"

从一开始，他就并不需要我解释所谓对女性痴迷并不是我的问题而是他自己的问题，他只是需要把自己的问题放在我身上去审视它，直到后来他在自己身上发现这个问题。我们必须相信，他把自己的问题投射到我身上之后，会找到一种方式来反思他的内心世界。同样，我们也必须相信，只有我们承认不了解他人，承认自己在面对未知，我们才会真正了解他们。用西蒙娜·薇依的话说就是，如果人性最根本的错误是总想填补认知空白、探究他人的秘密呢？[8]

如果没有信任和开放心态，又不能理解他人，我们就会假设、归因和投射。一位女士抱怨说："我不明白丈夫为什么不愿意买新房子，他缺乏安全感，过于担心债务，在金钱方面非常不理智。"她对于丈夫行为的不理解只持续了一会儿，然后就用假设来填充了这个未知。她接下来就会只执着于自己的想法而无法对丈夫保持开放的态度，这才是最关键的问题。

这个女人认为她需要解答的问题是，她不理解为什么丈夫不想要她想要的东西。她试图用错误的答案来解答这个问题。或许这个问题根本不是问题呢？

带着问题生活

我们不需要回答问题。我们需要允许生活中的问题出现，体验问题，带着问题生活。这些问题可能是"会发生什么？""这个人是谁？""我想要什么？"仓促的反应避开了某些生活体验，却也妨碍了我们从中探寻答案。如果我们难以容忍通过生活和感受来学习，就会转而试图通过撒谎来逃避，从而对自己的假设产生错误的认识。

一位中年男子描述了从女儿那里收到的一张父亲节贺卡，她在贺卡上写道，"做您的女儿真是太幸运了。"

"完全是一派鬼话，"他冷笑道，"她只想和我一起去法国度假，因为我邀请了她。她只是想利用我，根本不在乎我。"

"你有没有注意到自己是如何把女儿表达的爱解读成废

话，让自己变得孤独的？"

"爱？"他大叫道，"她不爱我，她总是发脾气。"

"你拒绝她的爱，难怪她会生气。"

"我问她'你为什么这么写？你到底是什么意思？'然后她就生气了哦！"

"你指责她不爱你，又要她反驳你的指控，为自己辩护。她生气时，对你来说恰好证明了你的假设。事实上，她的愤怒只能证明你的指责让她生气而已。"

"我没有知情权吗？"

"当你开始投射的时候，谁该对此负责呢？是她还是你自己？"

他深深地低下了头。"我毁了她的生活。"

"你有什么感觉？"

"我感觉很糟糕。"

"那是一种什么感受？"

"愧疚。我什么都做不了。"

"对过去无能为力。你所能做的就是承认你的所作所为，向她道歉，弥补伤害。"他双手捂着脸，泪水顺着脸颊流下，肩膀颤抖。

　　他的指责使他对女儿的爱视而不见，将自己囚禁在一个幻想世界里，只有被泪水冲刷过的眼睛才能看到真实。他用自己的假设填补自己对女儿的认知空白，要求女儿为她不存在的动机和行动辩解。但如果她和父亲争论，她就输了，因为他只会坚持自己的想法，而投射从来不会包括它刻意排除的东西。

　　他的女儿和所有人一样，是一个他永远无法完全了解的人。他没有接纳这种未知，而是通过编造事实，转移注意力，不去看女儿的本来样子。他听从自己内心的答案，拒绝听女儿的答案，这说明他爱自己的想法胜过爱自己的女儿。当我们选择相信自己的假设时，就暴露了自己对真相的恐惧。

　　我们讨厌未知，讨厌面对生活中的某些问题，我们总在挖掘旧问题的旧答案。这位父亲需要做的是放弃旧答案，开始面对新问题——女儿现在是怎样的。当他放下自己的假设，接受真实的女儿，听她如何说时，他才开始真正了解自己的女儿。

　　未知不是问题，而是道路。当我们接受这条未知的道路时，或许我们会感到不适，但这种不适正是生活给我们发出的信息，邀请我们去爱另外一个人。

这位父亲以为自己应该有答案，事实上他需要放下虚假的答案，去接受和爱女儿身上那些他难以理解的东西。当我们对于其他人保持这种开放性，停止编造事实并接纳所有的体验时，我们就可以开始了解他们了。

这位父亲和我们所有人一样，不得不接受他害怕的东西——对于另外一个人内心的未知。他唯有意识到自己的女儿是个未知的谜题，而不是一堆投射，才能真正爱自己的女儿。作家若泽·萨拉马戈（José Saramago）提醒我们："在我们的内心深处，有某种东西没有名字，那就是我们本来的样子。"[9]通过接纳自己的女儿（看不见的、无法命名的、不可知的），这位父亲学会了爱女儿而不是爱自己的假设。

当我们放下脑海中的错误答案后，才能带着问题生活。比如这位父亲只能把女儿从投射的牢笼里释放出来。同样，我们带着自己的问题（无论这些问题是关于生命、他人还是自己的）生活时，要像对待手里轻轻地捧着一只小鸟那样小心，因为"如果用力挤它，它就会死去"。[10]

第五章

FIVE | 接纳

你在逃避什么

为了疗愈，我们必须接纳自己逃避的真相以及它们唤起的感受。这些真相包括我们的内心世界（感受、焦虑和我们逃避它们的方式）和外在世界（现实）。只有接纳它们，我们才能发现真正的自我——一直被掩盖在谎言之下的真实自我。

我和谁结婚了

坠入爱河是美妙的体验，但是结婚之后，事情变得有点儿不一样，我们的伴侣显得与恋爱时判若两人，令人失望。为什么会这样呢？

就我而言，我在遇到妻子之前，心中一直有自己幻想的爱人形象。这是真正的灾难。我觉得妻子应该成为我理想中的样子。结果，我（和她）的痛苦越来越深。

后来我意识到，如果自己不能像她爱我一样爱她，就应该放她离开，这样就有其他人来爱她。她没有义务活成我理想中的妻子，如果我觉得自己的理想那么重要，就应该坚守自己的理想。我想："那也不可能。"

于是我去了内心世界的"离婚法庭"，和我的愿望"离婚"了。这个痛苦的过程持续了多年，但是一旦我放弃了心目中的"理想妻子"，我就能"娶"现实中的妻子了。在某种程度上，我爱自己的愿望更甚于妻子。我看到自己愿望的价值，却忽视了妻子各种缺点背后的内在美，而所谓她的缺点，不过是不符合我的愿望而已。

杂志上有很多"如何成为完美伴侣""如何重振婚姻"

之类的文章，但是没有任何一篇文章告诉你，如果试图操控伴侣将其改造成自己的理想伴侣，婚姻就会解体。

当我们希望伴侣成为我们理想中的样子时，我们会尝试给他们剧本。"你怎么总是迟到？""你不应该看那么多电视。""你为什么不穿这个？""你吃多了！"这些提示通常是以一种随意而同情的方式提出的，但同时"附赠"对伴侣为何做不到的"深刻见解"，这通常会导致争吵。当伴侣意识到我们出于某种隐秘的原因，想要的是理想中的形象而非他们本人时，他们就会愤怒。

当我们说"如果你早点儿醒来会更快乐"时，我们真正的意思是"如果你不是你，我会更快乐，我希望你变成我理想中的样子！"现实中的伴侣总在眼前，我们的"理想伴侣"却无影无踪。我们经常发牢骚、叹息、抱怨，翻查书本和文章，学习如何在婚姻中争辩。我们与现实抗争的结果如何呢？会让幻想的伴侣出现，真正的伴侣消失吗？

冲突会导致我们脱离生活。我们从来不是和某个人争吵，而是在和他代表的东西争吵。一位女士总是唠叨丈夫，因为他度假时总吃垃圾食品。对他而言，假期吃薯片和饼干是一种享受；但在她看来，他不应该喜欢垃圾食品，也不应该吃。

她自命为"食品警察"，训诫丈夫吃垃圾食品的后果，冲他翻白眼，以自律克制为荣。她的争吵意味着她试图让丈夫走开："不要这样想，不要这样做，也不要这样存在。"她对她真正的丈夫不再感兴趣，她的兴趣在于让他变成自己幻想中的丈夫："别再做我的丈夫那样的人了，成为我想象的男人的样子。"如果他没变成她想象的伴侣的样子，她就不得不放弃那个想象中想她所想的爱人。她无法爱她现实中的丈夫，她嫁给了她幻想的爱人形象，这让他们的婚姻生活变得很凄惨。最后，她的丈夫意识到她是和自己的幻象结了婚，这等于对他提出了"离婚"，于是他离开了她，使"离婚"变成了现实。

为什么出现在身边的是现实中的配偶而不是我们幻想中的爱人？我们必须舍弃自己幻想中的爱人吗？我们必须接受现实，和这个不完美的人结婚吗？婚姻意味着我们要舍弃幻想，接受真实的伴侣，虽然这个伴侣永远不会成为我们幻想的人。

爱是一种投射吗

爱是什么？我们可以将爱简单地认为是一种本能、一种利己主义或是一种积极的情绪。然而，如果我们只认为本能的吸引力是真实的，爱本身就会变得不真实。如果爱是不真实的，我们在心爱之人身上看到的品质就只是我们的投射。事实真的如此吗？

我们寻找伴侣时是否会像在网上商城挑选商品一样货比三家？如果我们把约会看作市场，把人看作商品，就会四处寻找最划算的交易，像挑选具有我们最心仪的性能的产品一样，在虚拟的货架上挑选伴侣。但是选择商品显然与爱一个人不同。"爱"会通过无可名状的东西吸引我们，只有感受和感觉——对方的差异性，帮我们做出选择。

相比之下，"自爱"缺少爱所特有的重要属性——看见一个人的内在价值并回应对方的内在美。例如，一个自恋的女人将她对自己的爱误认为是她对丈夫的爱，当别人侮辱丈夫但并没有伤害她时，她也会感到愤怒，觉得他们伤害了自己，因为她以为丈夫就是自己的延伸。

会爱他人的女性不会全神贯注在自己的反应上，她对丈夫的痛苦感到同情，这和她本人无关。她能清楚地"看到"丈夫，不需要说服自己爱他，因为她会不由自主地爱他。

她对他的爱是一种感觉吗？感觉的出现和消失都是对触发信号的响应，这是一种心理状态。而爱情不同，爱情更为持久。虽然我们内心也会感受到爱的波动，但这些波动并不是天空忽来忽去的云朵，而是无边无际的大海的潮汐，这正是爱的表现。

爱不仅仅是泡热水澡得到的快乐，毕竟没人会娶一个浴缸。我们或许会将爱简化为需求、愿望或欲望。但这种虚假的爱情都是基于人们内心的渴望，而不是对所爱之人的美的回应。如果对方只是满足我们的需求，就只是一个可以使唤的对象，而不是我们所爱的人。

满足某种需求，比如喝水解渴后，对水的兴趣就会降低，就会停止拿水喝的举动。而爱会增强我们的敬意，拉近我们与所爱之人的距离。满足口腹之欲是有止境的，探索心爱之人的奥秘是永无止境的。

当被问到你为什么爱你的伴侣时，你可能会说不出来。像"亲切"和"甜蜜"这样的词或许是真的，但远不准确。

对于伴侣的珍贵之处，你很难具体说出来。

爱是不可名状、难以言说的。当你爱一个人的时候，你就不再是单独一个人，你会对你所爱的人"做"爱。你会感受到一股暖流，一种当你不再把爱人视为一个物品、一件事或你头脑中的形象时才会出现的暖流。她就是现在的样子，和你脑海中的各种想象都不一样，你爱她本来的样子，而不是你理想中的样子。她爱你，但不是你希望的她爱你的样子。你和她彼此相爱，相当于一个谜爱上了另外一个谜。那些心存幻想的人永远无法了解伴侣的内心世界，因为他们只是追逐自己的"理想伴侣"。

一个富人前来做咨询，希望以此向妻子表明他解决婚外情问题的决心。他对妻子说谎，说自己会忠于婚姻，同时也向情妇说谎，承诺会和妻子离婚。对他来说，女人是可以被购买、使用和丢弃的物品，每个人都是商品，都有自己的价码。

这种人除了目的和手段什么都看不到，他的幻想世界里没有奉献、经历和谜题。他被困在幻想里，脱离了现实世界，妻子和情妇都只是自己拥有和使用的对象，而不是值得爱和珍惜的人。

他不允许妻子和情妇以她们真实的样子出现。相反，他要求她们成为自己想要的样子。他觉得妻子应该满足于他忠于家庭的承诺，而情妇应该满足于他关于婚礼的承诺，而不要求真正的婚礼。无论是面对妻子还是情妇，他实际上都表达了同一个意愿："听我怎么说，别在意我怎么做。"

他甚至没有把这两个女人当人，对他来说，她们只是有用的物品。他没有意识到，当我们把别人当作物品时，我们就被困在自己的幻想中了。只有当心爱的人不再是我们心中的幻想时，他们才是真实的。爱由此开始。

爱的愉悦来自发现所爱之人的内在美。那种内在美向我们发出召唤，我们以语言永远无法抵达的深度回应这种召唤。爱人的内在美唤起了我们的爱，而爱又会带来更多的美。正如迪特里希·冯·希尔德布兰德（Dietrich von Hildebrand）所说，"那个人身上闪耀的美德打动了我的心，让我对他产生了爱。"[1]

当我们把所爱的人视为珍宝时，别人或许会说我们被爱情蒙住了眼睛，我们所珍视的那些美德只是一种错觉。爱是不会产生美德错觉的，贬低却会剥夺一个人的美德，并将由此产生的对方缺乏美德的错觉视为真实。有趣的是，贬低是爱的一种异化形式，是一种对于幻象的爱。贬低别人的人想要贬低某个人，把这个人和贬低的形象联系起来，偷偷依恋着这个被贬低的形象。对这个幻象的爱使他无法发现对方的内在美，陷入一种心灵失明。

相反，当我们爱我们所爱之人时，我们爱的不是幻象，更没有试图创造出一个爱人的形象，也不会醉心于让爱人因为我们的爱而称赞我们。因为在爱情里，双方就是爱的本身，我们是对内心深处的召唤做出回应，而不是对虚幻的外表做出反应。

在真正的爱情中，我们不会是爱的焦点。正如罗伯特·沃尔夫（Robert Wolfe）所问的那样，"丁香吐露芬芳，它是在和谁相爱？是硕果累累的梨树？还是吹着美妙哨音的云雀？"² 爱绝不是我给你爱，你接收爱这么简单，说"我要你爱我"的意思是，"你是满足我欲望的对象"。将对方视为需要被征服的对象，与我们分裂开来，这不是爱情，而是爱情错觉。

在爱情里，我们不会创造一个自己的幻象，也不会去寻找对方的幻象，因为虚假的形象在爱里消失了，就像方糖融化在水里一样。在爱情里分不出爱与被爱的人，真实的我们超越了虚幻的形象，我们和爱融为一体。爱情是一种投射吗？不是，贬低才是投射。

为什么愤怒时会大喊大叫

一位智者到河边洗澡，发现一家人在岸边大喊大叫。他微笑着转向弟子问道："人们为什么要愤怒地对彼此大喊大叫？"他的弟子思索了一下，其中一个说："因为他们不冷静，所以大喊大叫。"

智者又问："别人就在身边，轻柔地说话他们也听得见，为何还要大喊大叫？"弟子们纷纷回答，但智者对这些回答都不满意。智者解释道："当两个人相互怀怒时，他们的心就离得远了，为了跨越那个距离，他们必须大喊大叫才能让对方听到自己的声音。越是生气，越需要大声喊叫，因为他们的声音要跨越很远的距离才能到达对方的心里。当两个人坠入爱河时，他们只需要低声说话对方就能听见，因为这时候他们的心很近，甚至没有距离。"

智者继续说道："当两个人深深相爱的时候，他们甚至不需要说话。两颗心融为一体时，只需要凝视对方的眼睛就足够了。争吵的时候不要轻易把对方推开，否则终有一天，你们之间的距离会遥远得难以找到归路。"[3]

我们对别人大喊大叫的时候，面对的不是某个人，而是我们赋予他的形象，比如一个不想听我们说话的人的形象。我们当然知道对方的耳朵没有问题，我们对他大喊大叫，是因为我们假设对方不想听我们说话。我们冲着自己认为不想听我们说话的人大喊大叫，其实是我们不想听对方说话，否则我们就不会朝对方大喊大叫了。

关 系 认 知

一位男性来访者告诉我，他在和女友亲热时，心里总想象着她是另外一个女人。我们探讨他的问题时，他猜测道："谁知道？也许她们在某个地方见过面。这是有可能的。"

"你猜测她们，用你的幻想引开话题，把我们拉入你的想法，你自己却置身事外。"

"就像我对她所做的那样。"他说。他指的是他在与女友亲热时幻想自己在和另外一个女人亲热。

他的幻想分散了他对女友的注意力，他不是用亲密行为融化自己的壁垒，产生更亲密的感觉，而是通过幻想将自己从女友的怀抱里赶开。他和很多女人发生过亲密行为，又没有和其中的任何一个亲密过。因为他从来不敢把任何一颗心当作自己的"家"，他永远是生命的流浪者和爱的观光客。

无论我们是要把另一个人当作置身事外去审视的物品，还是敞开心扉去接纳另一个谜（亲密无间又永远想去探索的人），我们都无法将一个人的本质变成我们想象的物件。

人不是一次成型的塑料，而是不断变化的生命。我们爱一个人时，我们是在和一个认识的人、将要认识的人或永远不会"认识"的人交流。她不是一块可供我们塑造成我们想要的形象的陶土，而是活生生的能和我们交流的人。

当我们把自己与另外一个人分隔开时，我们坚持自己的执念，把它固化起来，声称："这就是你！"我们看到的不再是这个人，我们爱抚的是自己对她的想法。用我们的想法来"抓住"一个人，就像用捕蝶网捕风一样徒劳。相比之下，爱会不断打破我们对另外一个人的定义，爱会揭示这个人真实的样子，超然于我们的想法和信念。当我们和在意的人亲密起来时，我们就会开始尊重对方的超然和神秘。

　　在咨询快要结束时，这位来访者因为和我的亲密情感感动落泪，他说："真奇怪，我的内心并没有什么想法，真不知这些眼泪是从哪里来的。"

　　"这无言的沉默就是你。"

　　"我从未有过这种感觉。"

　　"这是你的'家'，你可以停止流浪了。"

　　"我开始怀疑这是不是真的。"

　　"你的头脑在怀疑现实，真正的你隐藏在各种想法之下。"

　　我们默默无言地坐着，他流着眼泪，最后他说："我不知道该说什么。"

"你的眼睛已经说了你不能诉之于口的话。"

他的眼泪揭示了他隐藏在语言、思想和标签下的真实面目。在这种开放性状态下，他意识到，这些想法都不是自己，而感知到这些想法的意识主体才是自己。通过心理咨询，他看到了自己内心一直被忽视的空间。

失望会让我们看不到任何人的固有潜力，这是多么可悲的事情！如果我们不能和别人身上我们未知的东西产生联系，我们将无法了解他的潜力，因为我们失去了心存希望的能力。

艾米莉·狄金森（Emily Dickinson）描述了希望的美妙品质："希望是长着羽毛的东西。"[4] 希望是维持我们生命的脆弱藤蔓，永远不应该被扯断。在心理咨询中，我们不仅要接受来访者在自己身上看到的东西，还要接受他尚未看到的东西。通过这种方式，我们像发放贷款一样把我们的信念和希望传递给他。

有一次，一名实习咨询师惊慌失措地冲到我的一位同事那里，恳求她把一名女性来访者送回医院。那位女性来访者总是怀疑自己有病，在一个星期内要求这位实习咨询师为她做了三次检查，实习咨询师告诉来访者她没有患心脏病，来访者哭着跑出了他的办公室。

我同事给那位来访者打电话，邀请她到医院会诊。在和她的交谈中，我们发现了一个重要线索，她的儿子一年前去世了。我同事对来访者说："医生没有意识到，你的症状不是由于心脏病发作而是因为心碎产生的。"来访者开始接受心理咨询并取得了快速的进展。她的儿子不在了，她的爱无处寄托，于是在医院做义工，送书、读书、与病人谈心，这恰好满足了她"疑病"的需要。病人成了她的"儿子"，医院成了她的"家"，咨询师帮助她"修补"了破碎的心。

我们根本不需要咨询师强化我们无望的病态想法，而需要一名领航者引导我们走向现实的希望。即使咨询师不能给予我们最高的希望，至少可以给我们指明飞向高处的方向。

当我们丧失了希望时，就会被看不见的内在防御和无法识别的谎言蒙蔽双眼。无论绝望被包装得多么合理化，都代表着隐藏在病态之下的拒绝。而透过病态看到其背后隐藏的本质，正是倾听的特有性能和技巧。如果我们放弃和忘记另外一个人的本质，希望就会消失。

咨询师也许会帮助我们找到一条通往全新可能性的道路。无论我们如何给自己设限，或许咨询师都能看到我们应该如何超越这些限制。此刻的绝望只是我们自己的一部分，其他的部分生活在防御之外。咨询师对我们的信任意味着她看到了我们看不到的东西——在我们视线之外的真实自我。

心理疗愈帮助我们看到真实的自我以及自我形象之外的广阔空间。当我们自己从幻想中解脱出来，就能看到真实的自我，承担起倾听自己内心深处声音的职责。

洞察还是观察

洞察还是观察？⁵关系认知和思维认知可能会大相径庭，所以人们常常会质疑认知洞察力的价值。如果那些洞察真的有帮助，人们早就通过自助图书疗愈全世界了。

我们对一个人有了知识性的洞察，就会像谈论某个物品一样谈论他。这非但不是真正的心理疗愈，反而是使来访者得到疗愈的障碍。如果别人希望和我们建立这种疏远的关系该怎么办？

我注意到一个来访者刻意和我保持距离。这位来访者从前是一位舞男。我问他为什么这么做，他对我是什么感觉？他回答说："我不知道。"

"说'我不知道'是你隐藏自己的方式。这样我就'看不见'你了。是什么感受让你想躲着我呢？"

"我不知道。我的意思是，或许我可以为你说点儿什么。"

"你当然可以，但这样做你就成了心理上的舞男。你可能会想：'也许乔恩想听这个、想听那个'，然后我们的关系就会变成你和女友的那种破坏性的舞男模式。是什么感觉让你设置了心理舞男障碍？"

"我猜可能有很多种感觉。"

"你有没有注意到自己采取的是观察者的立场？你游离在这段关系之外，看着我与一个和你同名的男人在互动。你没有置身这场咨询，你只是在观察它。你就像生命的游客，总是从外面向内看。"

他泪流满面。

"什么样的感觉让你躲在超然的观察员表象背后？"

"我经常这样，就好像一个观察员或法官。"

这个来访者和周围的每个人都保持距离，甚至和他自己也是如此，他过着观察员一样超然的生活。他不去感受自己的感受，反而一直都在试图摆脱它。他一再把别人的见解当作自己的，但这些见解仅仅是他的"观察"而已。

我们会从父母、老师和朋友那里听到不同的见解，这些见解可能会淹没我们内心的声音，这些见解不是来自我们自己的理解，而是来自他人的观点。当其他人关注的是他们自己的意见而不是我们的感受时，他们就会远离真正的我们，产生对我们的所谓"洞见"。如果我们听从他们的看法，就会对自己内心的声音充耳不闻。

我们应该如何倾听自己的声音，从而产生真正的洞察？我们习惯用耳朵去听，这是远远不够的，我们需要全身心地"倾听"。在这种放松的开放状态下，我们不必寻找真相，只需要去觉知和接纳自己的感受，而不必急于去描述它，用不成熟的逻辑判断它，或者生出新的谎言。

当我们用心觉知自己的感受，我们能否承受它们传递的信息呢？只有当我们能够承受这些感受之后，我们才能够去倾听自己内心的声音。我们的任务可以概括为：倾听思维背后的东西，听那些"无所不知"的人听不到的东西。

心理咨询关注什么

要理解心理咨询，必须弄清咨询师真正关注的是什么。是来访者的问题清单，还是对来访者的诊断，或者是存在人格障碍的人？都不是，咨询师真正关注的是隐藏在问题之下的人，这些问题往往是来访者和他的内心世界分裂而引起的。

咨询师会鼓励我们解除自我隔离，接纳自己的感受。我们躲在自己的内在防御后面很多年，忘记了自己的欲望和激情，这就是自我忽略的代价。下面这个故事中的女性来访者就有这么一个习惯。她描述了自己和男友的冲突，但她对我说："我不想深究。"

"你知道有问题却不想深究，这就是你忽略自己的方式吗？"

"我觉得这没那么重要。"

"你觉得自己不重要，你忽略了自己的问题，也忽略了自己。"

一丝悲伤掠过她的脸庞。"我明白了。"

"你有没有注意到你在试图让我忽略你？你忽略自己，也想让我忽略你，对你说'你不重要，我们可以让你走'，为什么会这样？"

她泪流满面，承认道："我习惯了。我对男人一直这样。"

我们习惯性地自我忽略，还认为这是一种力量，但实际上这是一种自我憎恨。这位女士仍在采用她和其他男人的关系模式，想要我忽略她，用不屑一顾的态度对待她。她试图忘记自己的存在，并要求我也这么做。我拒绝配合，她的情绪就出现了，开始用一种新的声音说话。咨询师不仅要关注来访者说的话，还要关注来访者在说话之前如何倾听自己的感受。来访者能否承受自己的感受，说出自己内心真实的感受呢？当这位女士承受着自我忽略的痛苦时，她说出了自己内在的觉察："我一直对男人这样做。"

我们遭遇了什么，我们做了什么

寻求心理咨询的人，往往都带着痛苦经历留下的痕迹，有时是语言，有时是对待自己的方式。我们过去受到别人伤害，现在就会用无形的方式伤害自己，使痛苦永远存在。咨询师看到这种微妙的自我伤害时，不会过度探索我们的过去，而会指出我们现在是如何伤害自己的。

以下是我和一位女性来访者的咨询记录，她说自己被我的话感动了。

"你向我求助时，心里是什么感觉？"我问，"你刚刚从藏身之处'走'出来。"

她叹了口气。"我怕我会哭。"

"为什么不能哭呢？哭不是比焦虑更好吗？"

"是的。这让我非常感动。那一刻，我想'我之前没有遇到一个愿意听我说话的人'。"

"你愿意让我倾听你的哭诉吗？"

"我不会再哭了。"

咨询师看到我们拒绝自己的感受时，会指出我们对自己是多么残忍，这种残忍我们自己是注意不到的。他们既不配合我们对其避而不谈，也不会因此批判我们。相反，他们用一种富有同情心的方式指出我们是如何造成自己的痛苦的。

"你想一直焦虑下去吗？为什么对你的眼泪如此冷酷？他们不也值得爱吗？你要拒绝自己的眼泪多久？它们什么时候才能回到'家'里？它们在外面一定很冷。你要让你的眼泪在寒冷中流淌多久才肯接纳它们？你不用担心我会嫌弃你。我只担心你嫌弃自己和你的眼泪。"

"我觉得我们该谈论一些重要的事情，而不是哭泣。"

"你觉得自己应该用语言掩盖眼泪，忽略它们，但是我知道你来这里不是为了忽略自己的痛苦。"

她满脸悲伤，"让痛苦过去吧。一旦我开始哭，眼泪恐怕永远不会停止。"

"如果你不让自己哭，眼泪就永远无法停止。必须让眼泪流出来，才有停下来的时候，你的痛苦才能结束。"

"也许我会哭，但我尽量忍住。"

"你忍住眼泪，也就拒绝了自己。这样拒绝自己不也是一种痛苦吗？为什么要继续忍受痛苦？为什么要拒绝你的痛苦？悲伤的'女孩'什么时候才能回到你的怀抱？让眼泪流出来吧！"

她抽泣了几分钟。

"我此刻的想法是，'天哪，我正坐在这里哭，多么消极啊！'"

"你心里还有很多痛苦，不要惩罚自己，不要批判自己，让痛苦流出来，不必再去管它，你有能力疗愈你的心。就是这样。你心里还有很多痛苦，太多的痛苦。把它们都说出来，这就是你到这里来的意义。"

"我很惭愧。"

"啊，这样可不好！这表明你在痛苦的时候会用言语打击自己，请不要那样伤害自己。你已经够痛苦的了，不要增加你的痛苦。现在不是羞辱自己的时候，是同情自己的时候。不要再对自己冷酷，你不需要更多的痛苦。你现在感到伤心是因为你暴露了自己的痛苦和悲伤，因此又想惩罚自己。不要退缩！"

"我总是这样。"

"你总是因为允许自己靠近另外一个人惩罚自己吗？"

"首先，我听到内心有个声音批评我什么事都做不好，还爱说大话，编谎话。"

"他们惩罚你，因为你暴露了自己的痛苦。"

"他们会为了任何事情惩罚我，哪怕是快乐。"

"你因为自己仍有鲜活的情绪而受到惩罚。"

"嗯。"

"继续哭吧，现在活着就好了，让自己活着没有错。谁会因为你有鲜活的情绪惩罚你？"

"爸爸妈妈，他们两个。"

"所以你学会了自己一有情绪就惩罚自己吗？"

"就是这么一回事。"

她不需要告诉我她过去是如何被忽略的，通过她对自己的感受不屑一顾和视而不见的方式就一目了然。首先，我必须帮助她注意到她自我忽略的习惯并且摆脱它，让悲伤和痛苦浮现出来并治愈她，然后我们就可以让她直面自己对性情暴虐的父母的感受，尤其是她对于自己的愤怒。她自我保护的方式就是说服自己"父母是好的，自己是坏的"。通过这种悲惨的自我虐待，她表达了自己对父母的爱，却牺牲了自己的幸福。

一旦她深刻地面对这些感受，她的抑郁就开始减轻了。当她不再自我忽略之后，她的自我同情心开始增长。这种同情心还延伸到她父母身上，尤其是她儿子身上。在她的内心深处，过去的批判、想法和侮辱都消失了，她意识到自己比父母眼中的自己优秀得多。她没有去改变父母的看法，但是这些看法不再是她的"牢笼"。

我们所说的导致失败的谎言

"心理咨询都是无稽之谈。"一位男士刚开始咨询的时候说。他已经接受了长达 30 年的心理咨询而没有任何效果。这场马拉松式的心理咨询宣告失败后，他的咨询师向他推荐了我。他说，他到我这里来是因为上一个咨询师推荐他来的，他还补充说："我怀疑你能做些什么。"我们探讨他过往心理咨询失败的原因时，他说他已经 99% 放弃了咨询。当我问他为什么来时，他说："希望永不止息。"我问他是如何体验到这种希望的。他说："我没有体验过希望。"然后他告诉我心理咨询都是无稽之谈，咨询师都是胡说八道。

他自相矛盾的陈述让我意识到，虽然他是来寻求帮助的，但是他采取的是一种被动的态度，等待着朋友、女友和咨询师的拯救。在他的立场里，他要让别人表达希望和愿望，对他负责。而当别人尝试这么做的时候，他却和他们争辩，一定要击败他们。我故意反其道而行之，揭示他缺乏希望和渴望的事实。以下咨询笔记记录了我们是如何揭示真相，接受真相的。

刚开始咨询的时候，他蔑视我，觉得我不过是又一个废话连篇的咨询师。他需要帮助，但他担心一旦自己信任我，我就会贬低他。所以他先发制人，贬低我和他自己。例如，他形容自己是"无望、无助、无价值和糟糕的"。

我问："你这种自我批评难道不是对自己的暴力吗？"他泪流满面地说道："我以前从未想过这一点。"

虽然他一生都在攻击自己，但从未想过这是一种自我暴力。第一次看到这一点，他大吃一惊，认识到对自己的残忍让他在一刹那产生了自我同情。

我说："你对我的蔑视不是针对我个人的。你只是在向我展示你蔑视自己的方式。"

他又抽泣起来。然而，他感受到自己对自我暴力感到悲伤后又开始恶毒地攻击自己，为每一次自我伤害辩解。他听不进我说的每一句话，认为毫无价值。

最后，他说："我想放弃咨询。"

"如果你坚信你的故事有用，觉得自己丑陋而绝望，并且你相信这一点，那么放弃是有道理的。"

"咨询对我没有什么帮助，但总有一线希望。"他说。

"你听起来不抱希望，看起来也不抱什么希望。"

"我希望有希望。"

"你似乎觉得自己是正确的，如果是这样，最好的办法就是放弃希望，等待结局。"

"是的，有可能吧，我的意思是这是镇子上仅有的娱乐之一，来接受心理咨询，我除了花点儿钱之外还有什么可失去的呢？"

"你在要求自己做一些你觉得无济于事的事情。为什么要浪费钱？"

"也许我找错了咨询师。"

"你何不用那些钱逛街购物。"

"购物没意思，外面都没什么人。"

"干吗一直找咨询师？"

"我还是抱一点儿希望。"

"你听起来不抱希望，看起来也不抱希望。"

"我不知道。我希望有希望。"

"在某种程度上，咨询甚至还没有开始就已经失败了。"

"或许吧。"

"这也没关系，我不可能每次都成功。"

"看你的书有帮助吗？"

"这相当于放弃。既然你决定放弃自己，为什么还要努力？"

"我还没有完全放弃，"他消极地说，"请不要问我是如何经历这一切的，我不知道。"

"你确定没有放弃？"

"我确定已经 99% 放弃了。"

"我可以接受。你之所以会放弃，一定有你自己的理由。我无权用你已经考虑过的事情来反驳你。人经历过一些事情后会意识到他们必须接受自己的命运。也许对你来说现在已经不再有希望，那个时机已经过去了。"

"我不知道你想表达什么。或许你想说既然没有希望，为什么不放弃，不停止咨询，也许你说的不是这个意思。"

"既然你已经 99% 放弃了希望。"

他打断道："你这是打反派牌吗？"

"不。我只是在说事实。如果你已经 99% 放弃了希望，只等着咨询师对你负责，让你变得更好，你就是在浪费时间。"

他以为我在愚弄他，却没有意识到他对自己说的那些谎言已经愚弄了自己 30 年。

"我已经这样做了 30 年。"

"你已经这样做了 30 年。你所做的一切都没有带来改变。如果你继续这样做，也什么都不会发生。你需要做一些不同的事情。如果你已经 99% 放弃了，只等着咨询师来拯救你，是行不通的。"

他叹了口气，说："所以你是说，如果我 99% 放弃了希望，我就不适合做心理咨询了。"

"对。"

"也许我应该完全停止咨询，应该服用药物让自己好受点儿。我猜可能我想让你说服我不这么做吧。"

他希望我能反驳他的谎言，那么冲突就会发生在他和我之间。如果我反其道而行之，那么冲突就会发生在他的谎言和现实之间。

"你以前的咨询师已经花了 30 年时间来说服你，如果你已经 99% 放弃了希望，那你就有充分的理由放弃了。在这个前提下，咨询是没有作用的，如果等着咨询师使你重燃希望，是行不通的。"

"你觉得我要怎么做才会重燃希望？"

"只有你才知道。在你的生命中，一定曾经充满希望，也曾经放弃，一定有什么东西把你压垮了，以至于你失去了希望。"

"希望是慢慢消失的。"

"这是常有的事情。"

他坐直了些。我继续说："我正在努力给你诚实的反馈。你不想再浪费 10 年时间做心理咨询吧，心理咨询并不是对每个人都有帮助。"

"如果心理咨询没有帮助，我该怎么办？"

"这是你的问题，可以试试冥想或遵医嘱服用药物。"

"或许我应该治好膝盖，然后定期锻炼，产生内啡肽，通过运动得到疗愈。"

"运动很不错。"

"另一种方法是假装疗愈，直到我真的疗愈。"

"也有人这样做。"

"他们说我应该做我喜欢做的事情，但我不喜欢做任何事情。所以你是说咨询对我没有任何好处。"

他错误地认为咨询对他没有任何好处。事实上，是他的自我放弃、消极的立场、被动的策略和抗拒的姿态对他没有任何好处。他说对了一件事情，那就是他对自己说的谎对她没有任何帮助。

"你已经花了 30 年尝试放弃，你来这里也表明了这 30 年的尝试没有任何结果，说明你那样进行咨询不起作用。如果你想要不同的结果，就得做不同的事情。只有你才知道自己能不能通过其他方式获得不同的结果，或许你可以，或许你无能为力，只有你自己才知道。"

"你把'皮球'踢给我了。我这会儿觉得很无助。"

"如果你觉得很无助，也只能接受这个事实。有些人身体或精神残障，如果你也是这样，就只能接受这个现实。"

"你很坦诚，对不对？"

"对。这世界上总有残障人士，如果你真有精神残障，你的生活也会有所残缺。再说一次，我不知道是不是这样，如果有的话，只有你才能知道自己可以做出哪些改变。"

"我能看到的一点就是换个咨询师。"

他需要改变过去所采用的咨询方式，而他却认为需要换咨询师；此时他需要开始咨询时，他却觉得应该停止这种咨询。事实上，他的自我毁灭已经持续了 30 年，他却把这种自我毁灭称为"心理治疗"。

"你只会等待另一位咨询师去做咨询师做不到的事情，就像你自己说的，你无助地等着咨询师来拯救你。你已经尝试了 30 年，难道还需要继续去证明吗？"

"你是不是在扮演反派？"

"这些都是事实，你试着让自己变得无助，这只能让你变得更无助。为什么要花钱让情况变得更加糟糕？你已经知道怎样让自己无助了，不需要付费让咨询师来做这件事情。"

"你说我应该放弃。"

"你过着痛苦的生活，放弃是非常痛苦的。你的自我憎恨让你感到痛苦和悲伤。但是你想放弃，让别人承担责任。我要指出的是，如果你一直希望别人承担责任，只会浪费更多钱，让情况变得更糟糕。"

"也许我应该行使选择权，努力变得更好。"

"你总会找到最好的选择。"

"如果我想变得更好，我也许能够变得更好。"

在这里，他提出了一个希望变得更好的假设，以替代他对于咨询真正希望达到的愿望。

"有可能，但是你得想要那个选择，如果你 1% 想要，你就会得到 1% 的结果。"

"怎么做到想要那个选择呢？"

"你的回答告诉我你对 1% 的结果并不满意。你知道这是胡说八道，而且你不喜欢胡说八道。在生命中剩下的时间里，你可以给自己什么？除了每周接受 50 分钟的心理咨询，其余的时间都是你自己的。来访者才是疗愈的主要因素，咨询师只占其中一小部分。"

"说不定你觉得我在浪费时间。"

"如果你打算这样做，你自己也知道这是在浪费时间和金钱，因为你已经告诉我这么做是浪费时间了。你说过这种方法是行不通的，你抱着这肯定不会奏效的心态来做这件事，这种咨询会花很多钱，而且会给你带来不好的影响。"

"好吧，我是不是可以告诉下一个咨询师，你说心理咨询是浪费时间？"

当他的自我毁灭行为摧毁他的生活时，他再次认为心理咨询是在浪费时间。

"你可以告诉他：如果你已经99%放弃了希望，却还在等待被拯救，心理咨询就是在浪费时间。这没有意义。"

"你说没希望了，我在浪费钱。为什么？"

"一方面，你想变得更好，这说明你的一部分希望从'牢笼里'挣脱出来，但是另一部分却对'牢笼'很满意，想在那里一直待下去，还为'牢笼'辩护起来，只要你觉得开心，大可以留在那里。"

"如果我想从'牢笼'里出来，你有什么建议吗？我需要怎么改变我想要的东西？"

"你为什么要改变你想要的东西？"

"我不想就这样下去。"

"也许现在不是放弃你所坚持的事的时候。你坚持下去，一定能找到很好的理由。为什么要让自己接受你根本不想要的东西？"

"我不想那样。"

虽然这是真的，但在过去的30年里，他也一直反对咨询。我们必须帮助他看到：他希望心理咨询起作用，同时希望在咨询中扮演无助的角色，这两者都是真的。

"如果我们今天完全接受你的现状：你已经放弃了，觉得没有希望了。好吧，这个人就这样。我们能接受这个现实吗？"

"就像我坐在轮椅上，而你根本不知道这种疾病能否被治愈。我有可能要永远坐在轮椅上，但我不想失去离开轮椅的机会。"

"我们不得不承认你们很多人都愿意坐在'轮椅'上。"

"是的。"

"请注意，接受这一点，顺其自然，不必改变它，不必解释它，不必强迫自己做任何不同的事情。"

"我猜你遇到过这种彻底放弃的人。"

"是的。"

"有多大比例？"

"很小。"

"你就这样让他们走了？哇！"

"我必须接受事实。如果你认为自己没有希望，我就必须接受你的推论。你的人格有两个部分，一部分渴望改变，另一部分觉得绝望无助。这两种力量在你身上并存，虽然绝望占了上风。我们必须接受你是无助和绝望的。接受这一点，因为这就是事实。"

"我不想接受。我不想接受这些事实。听到你这么说时，我很想反驳。"

"想要反驳是怎样的体验？"

"我不知道。我有一些控制力，你说我没有希望时，我不相信。我确实过着痛苦的生活，但如果我愿意，我可以改变自己的希望，而不是坐以待毙。我不同意你的看法。我还没准备好放弃。"

"那你准备了别的什么吗？"

"我已经准备好承认我对自己施加的暴力，每次我再那样做的时候都要注意。我不想成为我现在的样子。我希望自己想要一些东西，而且不觉得自己已经 99% 失去了希望。"他坐了起来，"也许有可能。"

"也许有可能。"我重复道。

"我只需要点着'引燃灯'，就能让'火炉'运转起来。"

"'火炉'需要在你体内运转。过去你一直在等待它在别人身上运转。这是个很好的见解，我很少听说那么贴切的比喻，你等着别人点燃'火炉'，而'火炉'就是你自己，你需要做的只是点着引燃灯。"

"我觉得'引燃灯'还是可以点着的，还没有坏掉。"

"不。你可以点燃'火炉'。如果你不点燃'火炉'，它就坏掉了。你想点亮你心中的这盏'引燃灯'吗？"

"我想点亮它。"

"这是不够的。"

"我必须点亮它。"

"仅仅想要是不够的。"我坚持说，"'火炉'可能无法满负荷运转，因为它很旧了，可能只有一半的功能可以用。"

"旧火炉也足以让屋子暖和起来。"

"这很有趣，但你描述的惨淡画面让我想反驳——'他错了！'"

他开始抽泣。他定了定神，说："我确实有一些控制力，不能只是低着头在'牢笼'里过一辈子。"他再次抽泣起来，停下来之后，他嘘了一声，说道："我还是觉得你在扮演反派。"

"我只是说了实话，而你做的事情真正的样子就是消极的。"

他哭了，"一生都消极的人，很难积极起来。"

"确实如此。我们已经注意到你很难对自己采取积极的态度，而对自己采取消极的态度是一种慢性自杀，是对自己的折磨。现在我们知道你不想再这样下去。"

"我很容易旧态复萌。"

"当然，你任何时候都可以选择，你可以一直选择自我憎恨。"

他停顿了一下。"我确实一直都可以选择，可以选择放弃，也可以准备开始新生活。说起来容易。"

"是的。"

"而且我觉得，你认为如果我愿意面对自己的感受，我就能从中解脱。"

他没有关注他内心的想法，而是猜测我的想法。这就是他避免面对自己内心的渴望的方式。

"这是谁的想法？"

"我的。"

"你愿意面对自己的感受吗？"

"愿意。"

"你是不是觉得更自由了？"

"是的。我甚至想要控制……"

"这是非常重要的。你想面对你对自己的感受，但是对自己产生积极的愿望是'危险'的，所以你把它投射在我的身上。这是非常重要的一点。你害怕自己身上'糟糕'的一面，但是你更害怕自己身上美好的一面，你试图把对健康的渴望以及你身上的美好品质放在我的身上。你把自己美好的一面割裂出来，放在我身上，然后认为自己就是'糟糕'的。我必须把对健康的渴望还给你，这一切都是你自己身上的。"

他停顿了一下。"我从来没有这么想过。"

"当你现在这样想时，你有什么感觉？"

"我在想雷·史蒂文斯（Ray Stevens）的一首歌：《一切都很美好》（*Everything is Beautiful*），也许会天上掉馅饼！"

他泪流满面。

"你深受触动。"

"是的。我有点儿不舒服而且很累，但我确实有了不同的想法。"

"只要你能点燃'火炉'，选择'活'下去，而不是坐以待毙。"

他转移了话题，提起自己的女友："我觉得那个女孩是一个可怕的骗子。"

"有可能。但是我想知道的不是这个。让我们回顾这次咨询，看看你是怎么对自己说谎的？你对自己说的谎言比她对你说的任何谎言都危险得多。"

"说我的身体令人厌恶，这有点儿夸大其词；说我完全无法控制任何事情，那是谎言；说我别无选择只能任其自然，也是谎言；说所有人都不关心我，也是谎言，还是有些人关心我的。"

"最不关心你的人是谁？"

他又吃惊又困惑。我用手指了指他。

"哦，是我，我没想到这一点。"

"你最不关心自己的方式是怎样的？"

"我以糟糕的形象躲在'阴影'里，最严重的是不断地告诉自己'你一文不值，你没希望了，你没有能力'，这些都是我对自己说的谎言。正如你所说，我对自己很暴力。我抓住这些想法不放，用自己喜欢的各种方式塑造自己的内在形象，如果我觉得自己和谎言中的形象不相符，就想办法让自己更加符合。"

"我们的咨询已经接近尾声，你有什么感觉？"

"乔恩，我感觉好多了。确实好多了。你说'让我们面对现实吧，你在自我摧残'的时候，我就开始感觉好多了，但是我想反驳。"他再次抽泣起来，然后继续说道："我释放了自己的悲伤和情感。当你说'你是一个自我放弃的人。确实有这样的来访者'时，我当时真想反击你。"他又抽泣起来。

"你可以反击，为了你的生活。"

"是的。我不知道我的生活出了什么问题。"

"你对自己犯了大错，但是这种局面可以改变。我不知道你做错了什么，但你对自己犯了很大的错，你可以改变它。"

"现在每当我有一个想法的时候，我都会想起我施加在自己身上的暴力以及我是如何委屈自己的。谢谢你，乔恩。"

当他对自己以往的自我毁灭行为感到悲伤和内疚时，他转而攻击导致自我毁灭的防御。他意识到自己和现实发生了冲突，而不是他和我发生了冲突。此前，他没有意识到自我毁灭会破坏所有的心理咨询，让咨询师的话变成废话。

他看到了自己的悲惨生活，却没有看到自己如何制造了这种生活。他以为别人不在乎他。当他对自己说谎时，他认为别人也在对他说谎。最终他发现自己比谎言更加美好。

你永远比我们以为的更美好

真理是海洋，而理论只是一个杯子。我们没有意识到即使我们和所爱的人在一起几十年，对我们而言他们仍是神秘的，我们需要不断地去了解我们所爱的人。在我们的信念之下隐藏着未知的自我，他不理解任何想法，但他可以接受任何想法，因此，他是"有感知的"的。每个人都将永远可能比我们头脑中以为的更美好。

我们不再以优越的"超脱感"来睥睨他人，而是站在更加广阔的现实之下，正如海德格尔所说的那样，这个位置才能产生真正的理解。[6] 也许我们不能更深入地看见他人，但可以更深入地看到自己，从觉知产生的地方了解自己。

相遇意味着穿着另外一个人的鞋子走路，遇见他人就是遇见我们自己。因为对于我们而言，他们既熟悉，又陌生；既是我们，又不是我们。每个人都是独一无二的，每个人都是宇宙的中心，我们也是，因为宇宙有很多中心。[7]

有时候，通过关联我们可以抵达人性的本质。我们可能会向想与我们靠近和我们想靠近的人敞开心扉，或者会让那个人符合我们的先入之见。然而经验告诉我们，人们来到世上并非为了证明我们的信念，而是为了反驳它们。如果我们总想让别人符合我们的信念，就不可能真正了解别人。只要我们迷恋自己的幻象，就永远享受不到与幻象背后的人相见的惊喜。

我们可能会将人们"囚禁"在他们的过往和我们的要求中，而他们的本来面目会变成一双"手"，轻轻"抚摸"我们的额头，等待我们从自我麻痹中醒来。如果我们足够幸运，和他人的差异会把我们唤醒，让我们睁开双眼，一点一点地了解他人。然而，正如赫拉克利特（Heraclitus）所说，"即使你踏遍每条道路，也无法发现灵魂的边界：它的根基是如此之深。"每个人都是不可知的。

我们每个人都是一个没有空间、位置、记忆或欲望的神秘的意识体，是一种无声的开放体。无论一种见解多么高明，都只是一根指向我们的手指而已。

如果让我们选择是接纳真实的人还是只接受我们想象中的他们，我们必须始终选择接纳真实的人。这么一来，我们的思想就会不断拓展，直到适应现状。我们是无所不知的吗？不是。但是，我们是可以接纳的。接纳，就是我们的生活之道。

结语

微风吹过窗户，窗帘摇曳。我们每个人都是一扇窗，真理像风一样吹拂而过；我们每个人都是意识的窗口，是揭示真相的空间。我们生活在奥秘中，我们自身也是奥秘，我们只需接纳这些奥秘。

致谢

感谢阅读本书并为它写书评的朋友扎赫拉·阿克巴扎德（Zahra Akbarzadeh）、杰里米·巴茨（Jeremy Bartz）、伊莎贝尔·贝茨（Isabella Bates）、史蒂夫·贝茨（Steve Bates）、戴安·拜斯特（Diane Byster）、琳达·坎贝尔（Linda Campbell）、蒂姆·坎贝尔（Tim Campbell）、特里·迪努佐（Terry DiNuzzo）、艾伦·戈尔德（Allan Gold）、凯瑟琳·戈尔丁（Kathleen Golding）、莫里·约瑟夫（Maury Joseph）、宾尼·克里斯托－安德森（Binnie Krystal-Anderson）、约翰·拉格奎斯特（John Lagerquist）、辛迪·莱维特（Cindy Leavitt）、朱迪·马里斯（Judy Maris）、托比亚斯·诺德奎斯特（Tobias Nordqvist）、彼得·雷德（Peter Reder）、玛吉·西尔伯斯坦（Maggie Silberstein）、约瑟夫·索卡尔（Joseph Sokal）、阿尔文·斯滕泽尔（Alvin Stenzel），尤

其是琳达·吉尔伯特（Linda Gilbert），没有他们，这本书不可能是现在这个样子。感谢托尼·鲁斯曼尼埃（Tony Rousmaniere）建议我撰写本书，感谢玛丽·霍姆斯（Mary Holmes）提供了一个绝佳的写作场所。感谢彼得·芬纳（Peter Fenner）提供的谈话素材，这是贯穿全书的光芒。因为本人笔力有限，本书有些谬误和不足，敬请各位读者指正。我还要感谢我以往的咨询师、主管、来访者和老师，他们提供的故事一直激励着我的生活与工作。最后，我要向教会我接纳真谛的人，我的太太凯斯（Kath），表达最深切的感谢。

注释

第一章

1. 弗洛伊德 1906 年写给荣格的信中说："精神分析的本质是通过爱来疗愈。"*The Freud/Jung Letters*(Princeton, NJ: Princeton University Press，1994).

2. Jeff Foster, *Falling in Love with Where You Are* (New York: Non-Duality Press, 2013).

3. Wilfred R. Bion, *Seven Servants*(New York: Jason Aronson, 1970).

第二章

1. Byron Katie, *Loving What Is: Four Questions That Can Change Your Life*(New York: *Th*ree Rivers Press, 2003).

2. 有趣的是，尽管很多人都知道弗洛伊德主张让来访者"想到什么说什么"，但是许多心理咨询师并没有意识到，弗洛伊德还在 1923 年发表过一篇重要论文，指出来访者不能这么做。事实上，他们大部分时间都在转移话题，这导致弗洛伊德的工作发生了重大的转变：专注于防御，也就是我们为了逃避痛苦而对自己说的谎言。

3. Donald Meltzer, *Studies in Extended Metapsychology: Clinical Applications of Bion's Ideas*(London: Karnac Press, 2009).

4. John Bowlby, *Attachment and Loss*, 3 vols.(New York: Basic Books, 1976–1983).

5. 对于那些想知道"灵魂"这个词用法的人，我推荐布鲁诺·贝特尔海姆（Bruno Bettelheim）的书《弗洛伊德和人类的灵魂》(*Freud and Man's Soul*)。在书中，贝特尔海姆描述了弗洛伊德如何使用"灵魂"这个词来指代人类的内心深处，掩盖在语言之下的真实自我，那些未知和有待了解的东西。事实上，弗洛伊德的著作中并未使用"精神分析"这个词。他使用的术语是 seeleanalyse(灵魂分析)。

6. 来自我和辛迪·莱维特 (Cindy Leavitt) 的交流。

7. 参阅恩斯特·布洛赫（Ernst Bloch）的《我的希望原理》(*The Principle of Hope*)。此书可以帮助我们看清哪些是无望的道路，怎样找到充满希望的道路。还可以参阅埃里希·弗洛姆 (Erich Fromm) 的《人类破坏性剖析》(*Anatomy of Human Destructiveness*) 的结语，他对乐观主义的虚假希望和基于对现实的清醒评估的真正希望之间的区别进行了精辟的评论。

8. Dag Hammarskjold, *Markings*(New York: Alfred Knopf, 1964).

第三章

1. 柏拉图《普罗塔哥拉》(*Protagords*) 中的对话。希波克拉底（Hippocrates）："苏格拉底，灵魂的食物是什么？"苏格拉底："当然，正如我所说，知识是灵魂的食物。"

2. Lucie Brock-Broido, *Stay, Illusion: Poems*(New York: Knopf, 2013).

3. 约翰·韦尔伍德（John Welwood）创造这个词来描述滥用精神练习逃避心理问题的现象。

4. Simone Weil, *Gravity and Grace*(New York: Routledge, 2002).

5. 古罗马剧作家泰伦提乌斯 (Terentius)。

6. 哈里·斯塔克·沙利文 (Harry Stack Sullivan) 是精神病学人际关系学派的创始人。

7. Melanie Klein, *Envy and Gratitude and Other Works 1946– 1963*(New York: Delacorte Press, 1973).

8. Sigmund Freud, "Remembering, Repeating and Working Through(Further Recommendations in the Technique

of Psychoanalysis II)" (1914), in *The Standard Edition of the Complete Psychological Works of Sigmund Freud*(London: Vintage Books, 2001), 12:145–156.

9. John Fiscalini, *Coparticipant Psychoanalysis*: *Toward a New Theory of Clinical Inquiry*(New York: Columbia University, 2012).

10. Thomas Aquinas, *Summa Theologica*(New York: Christian Classics, 1981).

11. Donald Winnicott, *Maturational Processes and the Facilitating Environment: Studies in the Theory of Emotional Development*(London: Karnac Books, 1966).

12. Herbert Rosenfeld, *Impasse and Interpretation*: *Therapeutic and Anti-therapeutic Factors in the Treatment of Psychotic, Borderline, and Neurotic Patients*(New York: Routledge, 1987). 罗森菲尔德在书中讨论了"厕所移情"，即来访者通过贬低咨询师以避免嫉妒咨询师能给自己提供他们自己无法给自己提供的帮助。安德烈·格林（André Green）等法国精神分析师将这种贬低模式描述为 fecalization。

13. Theodore L. Dorpat, *Gaslighting, the Double Whammy, Interrogation, and Other Methods of Covert Control in*

Psychotherapy and Analysis(New York: Jason Aronson, 1966).

14. Bruno Bettelheim, *Love Is Not Enough*(New York: Free Press, 1950).

15. Aaron Beck, *Love Is Never Enough*(New York: Harper Perennial, 1989).

第四章

1. Simone Weil, *Gravity and Grace*.

2. Johann Wolfgang von Goethe, *Scientific Studies* (New York: Suhrkamp, 1988).

3. Goethe. Quoted in Iain MacGilchrist, *The Master and His Emissary: The Divided Brain and the Making of the Western World* (New Haven, CT: Yale University Press, 2012), 36.

4. 威尔弗雷德·比昂 (Wilfred Bion) 是克莱因学派（Kleinian）著名的精神分析学家，他提出我们不仅有攻击和爱的本能冲动，还有了解真相的本能，也就是"对知识的热爱"。

5. Martin Heidegger, *Zollikon Seminars: Protocols—Conversations—Letters* (Evanston, IL: Northwestern University Press, 2001).

6. John Keats, *The Complete Poetical Works and Letters of John*

Keats, Cambridge Edition (New York: Houghton Mifflin, 1899).

7. John Fiscalini, *Co-participant Psychoanalysis.*

8. Simone Weil, *Gravity and Grace.*

9. Jose Saramago, *Blindness* (New York: Harvest Books, 1999).

10. Jean Klein, *Transmission of the Flame* (London: Third Millennium Books, 1994).

第五章

1. Dietrich von Hildebrand, *The Nature of Love*(New York: St. Augustine's Press, 2009).

2. Robert Wolfe, *Living Nonduality: Enlightenment Teachings of Self-Realization*(Ojai, CA: Karina Library, 2014), 235.

3. Emily Dickinson, *The Complete Poems of Emily Dickinson*(New York: Back Bay Books, 1976).

4. *The Therapist as Listener: Martin Heidegger and the Missing Dimension of Counseling and Psychotherapy Training*(Eastbourne, UK: New Gnosis, 2004).

5. Martin Heidegger, *Being and Time*(New York: Harper, 2008).

6. Nicolas Berdyaev, *Freedom and Slavery*(New York: Scribner, 1944).

7. 赫拉克利特 (Heraclitus)，古希腊哲学家。